人文社会科学通识文丛 总主编◎廖 进

关于**创意**的100个故事

100 Stories of Originality

夏 洁◎编著

南京大学出版社

图书在版编目(CIP)数据

关于创意的100个故事 / 夏洁编著. ——南京:南京大学出版社,2012.6(2016.6重印)
(人文社会科学通识文丛 / 廖进总主编)
ISBN 978-7-305-06918-5

Ⅰ.①关… Ⅱ.①夏… Ⅲ.①故事—作品集—世界 Ⅳ.①I14

中国版本图书馆 CIP 数据核字(2010)第 060201 号

本书经上海青山文化传播有限公司授权独家出版中文简体字版

出 版 者	南京大学出版社
社　　址	南京市汉口路22号　　邮　编　210093
网　　址	http://www.NjupCo.com
出 版 人	左　健

丛 书 名　人文社会科学通识文丛
总 主 编　廖　进
书　　名　关于创意的100个故事
编　　著　夏　洁
责任编辑　裴维维　　　　　编辑热线　025-83592655
照　　排　南京南琳图文制作有限公司
印　　刷　南京紫藤制版印务中心
开　　本　787×960　1/16　印张 17.25　字数 300 千
版　　次　2012 年 6 月第 1 版　2016 年 6 月第 4 次印刷
ISBN　978-7-305-06918-5
定　　价　36.00 元

发行热线　025-83594756
电子邮箱　Press@NjupCo.com
　　　　　Sales@NjupCo.com(市场部)

* 版权所有,侵权必究
* 凡购买南大版图书,如有印装质量问题,请与所购图书销售部门联系调换

《人文社会科学通识文丛》编审委员会

主　　　任　廖　进

成　　　员（按姓氏笔画为序）

　　　　　　王月清　左　健　叶南客　汤继荣

　　　　　　刘宗尧　沈卫中　杨金荣　杨崇祥

　　　　　　李祖坤　吴颖文　张建民　陈玉林

　　　　　　陈　刚　陈晓明　金鑫荣　赵宁乐

　　　　　　高志罡　董　雷　潘文瑜　潘时常

文丛总主编　廖　进

策 划 执 行　吴颖文

前　言

　　如今，创意正受到人们普遍关注，谈论"创意"的人越来越多，人们不再把创意单纯理解为艺术家的灵感突发、精神生活的充实品，而把它当作经济发展的驱动器，在创意上投资，也就等于在经济发展上做了投资。

　　日本特别注重创意开发，在社会上先后建立了多个创造性研究会，举办了"星期日发明学校"，提倡"一日一创"活动，在此影响下，瓜果书的创意应运而生。

　　瓜果书，是一种"书本里能长出花花草草、瓜瓜果果的有机书"。这似乎是童话故事里的情节，却真实存在，进入寻常人的生活。这种特殊的书籍，结合了工业设计的先进理念和园艺栽培技术的成熟技术，里面含有膨化剂、高效营养介质以及迷你种子。

　　人们购买了瓜果书后，只要按照种植说明，每天浇水，便能长出各式各样体积较小的瓜果，如黄瓜、番茄、辣椒等等。一本瓜果书可以结出许多果实，深受消费者喜爱。这种书籍推出后，一度成为日本最畅销的工艺创意产品。

　　创意带来了经济效益，促成创意产业的诞生。1998年，英国人第一次提出文化创意产业概念，短短几年后，创意产业作为一种"新经济"模式，已经风靡全球，成为吸引消费、拉动经济的"无烟工厂"，成为现代经济社会的重要部分。

　　那么，什么是创意？创意产业又是怎么回事？

　　创意，狭义地讲，就是我们平常说的"点子"、"主意"或"想法"，好的点子就是"好的创意"——"Good Idea"。广义地讲，创意是一种创造性的思维活动。创意涵盖着人类生活的各方面,发明革新是创意,理论构想、认识或者境界的变化也是创意。可以说,创意决定着人类的发展。

创意为何具有如此神奇的能力?

因为它是一种创造性劳动,是打破常规、突破自我、投资未来、创造未来的过程。创造性劳动是所有价值的源泉,微软公司创始人比尔·盖茨说:"创意有如原子裂变,每一盎司的创意都能带来无以数计的商业奇迹和商业效益。"创意是一切创新的开始,有了创意才有以后的行动。所以说,富有创意就富有创新,就有发展的动力和能量。

创意需要一定的技巧和方法。上帝曾为人类制造了"高尔丁"死结,无数人试图解开此结,却都失败了。亚历山大抽出宝剑,一剑将"高尔丁"死结劈为两半,从此成了亚洲王。在创意研究日趋繁荣的今天,人们根据创意的特色,发明了脑力激荡法、列举法等种种创意方法,以促使创意产业发展。

创意产业就是以创意为核心的一个国家的创新体系。这一产业范围广泛,涉及出版、音乐、广播电视、广告、游戏、动画、电影、表演、艺术、收藏、时尚设计等多个行业。迪斯尼、好莱坞等知名的创意品牌,已经不仅仅是全球的娱乐王国,也是创意产业的骄子。

本书不仅详细地叙述了创意的起源、发展和作用,更重要的是揭示了创意的内在规律,为我们更好地掌握创意的方法,提供了非常有益的参考和帮助,愿读者朋友人人都能成为科学的创意者,为工作和学习,以及科学的发展,创造更好的经济和社会效益。

目 录

第一篇　什么是创意？

空中浴池带来创新概念　　2
推销冠军的创意不是简单的点子　　5
贾岛苦吟吟出创意与灵感之别　　7
魏格纳以生命为代价展示创意多种分类　　10
蜡烛照亮的大创意　　13
一张纸尿片打开广告创意的大门　　16
从为女儿喂药到发明调味剂的创意过程　　18
"冻"死的维修员告诉人们情商对创意的影响力　　21
神仙指点的心理素质控制创意能力　　24
卓别林智斗歹徒体现幽默在创意中的作用　　27
来自日本女性的直觉与创意　　30
十块钱两张名片体现出思维与创意的关系　　32
大鱼吃小鱼的习惯影响创意　　34
老鼠首领懂得语言与思维关系　　37
从计算机迷到世界首富揭示创意能力形成的原理　　39
善用神偷的将军告诉我们人类的创造能力体系　　41
揭开金人之谜的创意多重视角　　44
小河流跨越创意面前的三种阻力　　47
神父无法突破创意面临的三种障碍　　49
沙米尔为何拥有天才创意　　52

第二篇　创意的价值

爱迪生永远将创意排在第一位　　56
创意改变卡耐基的人生之路　　59
关于寓言的寓言启示创意思维价值　　62
从"欢笑俱乐部"到创意的快乐归属　　65

目 录

高价购买死马的创意聪明还是不聪明？　　　　　　　　　68
阿基米德捅破高科技窗户纸　　　　　　　　　　　　　　71
都市里的攀岩创意将利润最大化　　　　　　　　　　　　74
31个空药盒带来的经济效益　　　　　　　　　　　　　　76
哥伦布透过竖鸡蛋告诉人们创意的核心价值　　　　　　　78
基辛格最有效的创意含金量　　　　　　　　　　　　　　81
两个"偷懒"的发明故事说明创意是解决问题的法宝　　　84
跳槽跳出创意来源的理论之一——变形理论　　　　　　87
"不用划"的船揭示创意来源的理论之二——魔岛理论　　89
四帖药方显示创意来源的理论之三——组合理论　　　　91
塞麦尔维斯积极探索创意来源的理论之四——求新理论　93
千两黄金培养创意的三要素　　　　　　　　　　　　　　96
老农插秧启发总裁大脑　　　　　　　　　　　　　　　　99
不会飞的鹰启发员工大脑　　　　　　　　　　　　　　　101
"抱娃"由创意走向决策　　　　　　　　　　　　　　　103
伟人并非永恒的创意机器　　　　　　　　　　　　　　　105

第三篇　创意与创新

绿色饭店体现创新概念　　　　　　　　　　　　　　　　110
五金店女老板的创新问号　　　　　　　　　　　　　　　112
20美元钞票展示多种创新分类　　　　　　　　　　　　　115
男人穿女袜演示创新和知识的关系　　　　　　　　　　　117
日本财阀的创新思维　　　　　　　　　　　　　　　　　120
理发店女秘书创造新市场　　　　　　　　　　　　　　　123
不讲理的随身听属于科技创新　　　　　　　　　　　　　126
一位心理学生发现创新不是专家的特权　　　　　　　　　129
从燃烧的氧化理论到创新的理解误区　　　　　　　　　　132
聪明的宋国人懂得将创新商业化　　　　　　　　　　　　135

目 录

一人兼两职的年轻经理富有创新精神　　　　　137
如何将鸭子培养成老鹰　　　　　　　　　　　139
马蝇叮咬的创新人才　　　　　　　　　　　　141
一堆朽木打开的创新之门　　　　　　　　　　143
60 秒照相术从发明到销售的创新过程　　　　 145
木桶定律揭示创新的两种状态　　　　　　　　147
一位普通会计的创新思维要素　　　　　　　　150
对号入座者告诉人们创造力之戒　　　　　　　153
老夫妇杀鸡取金闯进创新能力的误区　　　　　156
女教师来自平凡生活的创新　　　　　　　　　158

第四篇　创意方法

五次面试的创意方法集萃　　　　　　　　　　162
瞎琢磨的孩子启示沉思法　　　　　　　　　　165
借款 1 美元的富翁善用立体思维法　　　　　　167
雨中观音提示的侧向创意法　　　　　　　　　170
猎狗追兔子追出的分解创意法　　　　　　　　173
乞丐运用求异思维法喝到了鲜汤　　　　　　　176
坏脾气男孩见证的改良创意法　　　　　　　　178
捕捉火鸡的减少创意法　　　　　　　　　　　181
粉碎一切障碍的卡片创意法　　　　　　　　　183
安全刀片大王以客户为中心的创意法　　　　　186
驴子向国王求职的联想法　　　　　　　　　　188
董事长善用马拉松创意法解决问题　　　　　　190
司马光砸缸砸出来的逆向创意法　　　　　　　193
枯井里的驴子懂得分类列举法　　　　　　　　196
麦考尔董事长利用水平思考法变废为宝　　　　198
三个奴仆的反向思维法　　　　　　　　　　　201

2＋5＝10 000 打开头脑风暴法　　　　　　　　　　204
酋长女儿妙用质疑思维法　　　　　　　　　　　207
从电报机到电话机发明体现臻美法　　　　　　　210
中药茶馆的组合法　　　　　　　　　　　　　　212

第五篇　创意实践

大哥买扁担发现自己的创造潜力　　　　　　　216
贾伯斯演绎网络时代创新特征　　　　　　　　219
从背面拼图的儿子找到新的表现手法　　　　　222
罗斯福告诫儿子踏入无人问津之地　　　　　　225
校长弱化思维定势"惩罚"学生　　　　　　　　227
老人扔鞋扔出创意产业的特征　　　　　　　　230
龙虾发现创新的金钥匙　　　　　　　　　　　232
不怕不悔的创新机遇来源　　　　　　　　　　235
蚂蚁搬物搬出企业管理创新能力　　　　　　　237
向和尚推销木梳的创新环境　　　　　　　　　239
打开窗子迎接阳光的开放式创新　　　　　　　242
只看到骆驼者主宰创新的核心　　　　　　　　245
铲除杂草者破坏了创造源　　　　　　　　　　247
怕烫的猴子印证创新精神的衰退　　　　　　　249
蜘蛛和青蛙的故事揭示全球创意经济及对中国的影响　252
错开窗户提示中国企业创新应走哪条快捷方式　　255
不落的秋叶与国外创意思维训练　　　　　　　257
野狼磨牙的芬兰发展创新之路　　　　　　　　259
害怕鸡叫的狮子展示瑞典的创新特色　　　　　261
"中国制造"再次强调知识产权保护　　　　　　264

第一篇

什么是创意?

空中浴池
带来创新概念

创意,狭义地讲,就是我们平常说的"点子"、"主意"或"想法",好的点子就是"好的创意"——"Good Idea"。广义地讲,创意是一种创造性的思维活动。创意人人都有,而且自古就有,发展到后来,有些创意成果便开始形成知识产权。

宇野牧人是位日本商人,在大阪南部一处著名的温泉附近经营一家饭店。温泉坐落在景色秀丽的青山翠谷间,每年都有大批客人前来观光旅游。他们既想泡一泡温泉,也想乘坐缆车望望山景。可惜的是,由于时间关系,很多人不能一次完成两项心愿,只好带着遗憾匆匆离去。

宇野牧人每天招待这些前来观光的客人,每天都会看到不少满怀遗憾离去的身影,这对他产生了深深的触动:要是将两者结合起来,一边泡温泉一边观山景,肯定会让客人更加满意。

可是,要如何做到这一点呢?温泉在山谷里,泡在其间怎么可能看到山色?除非将温泉挪到缆车里。这个想法让他大为激动,他开始积极筹划,并推出了自己的创意服务:"空中浴池"。他在10个电缆车上安装温泉澡池,让它们在山峦间不停穿行。这些澡池每个可以容纳两人,客人泡在其间,既可以欣赏四周美景,又享受到美妙的温泉之浴,真如仙境一般,怡然自得。

"空中浴池"果然引起游客的极大兴趣,前来光顾者络绎不绝。特别到了节假日,简直人满为患。

宇野牧人推出"空中浴池",不愧为一个好创意,在这里,我们先来了解一下创意的概念,以及它具有的特点和魅力。

狭义地讲,创意是指有创造性的想法、构思,就是我们平常说的"点子"、"主意",好的点子就是"好的创意"——"Good Idea"。广义地讲,创意则是一种创造性的思维活动,是一种主观的精神创造过程。由此分析来看,创意一方面是思索的结果或意见,可以透过一定的形式表现出来,比如音乐、绘画、舞蹈等,另一方面,创意一般只是整个策划活动或者整个事件的起始阶段,而不是最终的成果。

人类发展至今,生活的各方面都没有离开过创意。从茹毛饮血的原始人类到今天,离不开"火"的创意;从贫穷落后的远古社会到日新月异的信息时代,离不开一系列精妙的创意。创意对社会发展有着举足轻重的作用,是人类进步的保障,它具有以下特点:

1. 创意人人都有。

从古到今,从中到外,每个人都有创意的能力。它是人类独有的特性,是人与动物的本质区别。在创意面前,人人都是平等的。从这一点说,如何创造自由的空间,让每个人都有均等的机会表达自己的创意,是十分必要的。英国历史学家汤因比说:"为潜在的创新力提供良好的机会,这对一个社会来说是生死攸关的事。这一点极为重要……如果社会没有让杰出的创新能力发挥出效能,那就是对其成员的失职。"

2. 创意无处不在。

创意是人类智力活动中最具创造力的部分,涉及人类生活各方各面,文学艺术、哲学、科学发现发明、经济、军事等,所有智力领域都需要创意。创意内容无所不包,除了各种点子、想法、策略、企划,还涉及到各种新发现、新思想、新设计、新假想、新发明。总而言之,创意是文艺创造、企业CIS(信息系统)、作战用兵、广告活动以及政治艺术等等的"核心",是决定它们成败与否的关键所在。

3. 创意具有社会性、经济性。

当今社会,创意是智能产业神奇组合的经济魔方。创意使人们重新认识科技,赋予它感性和艺术气质,包含美学的内涵。这一特点要求创造力必须要有社会性,或者经济性的市场,否则无法形成创意经济。

4. 创意没有失败之说。

创意是投资未来、创造未来的过程,它会改变一个人的观念,会把机遇转化为价值。但是并非每个创意都会成功,它可能只是下一个创意的前提,从这点来讲,创意没有失败之说。

有家企业曾经要求自己的1 000名员工,每人每天必须想出一个点子,一年下来,可以集合 365 000 个点子。尽管这些点子千奇百怪,很多看起来根本无用,可是对于企业来说,每个点子都是珍贵的,因为它可能带来意想不到的下一步创意。

5. 创意需要动机。

创意动机无奇不有,大致上包括以下四种:① 为利益、利润进行创造发明。这是比较常见的创意动机,目的性强,是现代企业热衷创意的第一驱动力。② 好奇心。好奇心是人类的天性,为了将问题探究明白进行的创意,也非常多见。③ 怀疑。怀疑是科学进步的动力,也是创意的动机之一。④ 兴趣。有句话说"曲径通幽",这与创意过程十分相似,经过不断思索、行动,获得一定收获,这一充满趣味和吸引力的过程,正是创意。爱因斯坦说,"兴趣是最好的导师",道理就在这里。

有了动机,创意就有了生命力。通常情况下,人们会根据不同动机寻找最有效的方法,进而得到想要的创意。比如,以创意为核心的策划活动,在动机明确的情况下,需要对创意进行扩展、修改、补充和进一步深入构思,才可逐步形成一项完整的方案、一套可操作的系统工程。

创意是发展的原动力!

——[美]阿德里安·霍梅斯

推销冠军的创意
不是简单的点子

创意并非仅仅是"点子",它要系统完整得多,它是一条线、一个面,更是一个整体。它具有构思概念、选择素材、表现手法三方面的要素。

有位推销员,是某家销售不易破碎杯碟公司的职员,5年来,他的销售业绩一直高居榜首,远远超过其他推销员。每年年终,公司都会举办表彰大会,请业绩突出的职员发表演说,谈谈自己的成功之道。这位推销员自然是第一位演说人,他每次都对其他推销伙伴致辞,但对于自己实际推销的技巧,却避而不谈。

第6年年终,又开始举办表彰大会了。这次,同事们和公司上司再一次将他推到首席位置,并诚恳地请求他谈谈自己的推销秘诀。他终于被打动了,致辞之后,略显激动地说:"其实也没什么,我就是在介绍完公司产品之后,拿出十多件不易破碎的杯碟,用力向地上掷下。客户亲眼目睹杯碟丝毫无损,自然非常相信我们的产品,也就有信心签下订单。"

众人听罢,一副恍悟神色。第2年,公司的所有推销员纷纷采纳他的技巧,销售业绩节节攀升。奇怪的是,1年下来,推销冠军依然是他。这是怎么回事?又到年终了,大家再次请他谈谈营销之道,这次,他笑着说:"我现在已经不再自己掷杯碟了,而是改请客户自己掷。"

推销冠军的故事告诉我们,创意绝不是一个简单的"点",而是一条线、一个面,是针对整个事件系统的策略。推销冠军之所以屡屡成功,就是因为他懂得营销创意,而不是仅仅抓住一两个点子。

点子是针对某一件事而言的计谋与对策,创意尽管也是对策与计谋,但完整、系统得多,很多时候,点子可能只是其中一个闪光点。创意不仅是点子,更是超越点子的系统工程。

作为系统工程,创意中的任何"新想法"都不是突如其来的,而是很长时间累积的结果。所以,创意是逻辑思维的过程,在这一过程中,首先需要构思概念;第二需要选择素材,寻找适当的方式方法来表达概念;第三还要有表现手法,表现手法不同,会产生不同效果。比如手机拍照是一个新创意,但是手机像素高低不同,照片效果很不一样。提高像素,效果会随之提高,这就是改变了表现手法。

可见,创意是一个整体,是一种意境。当今世界已处于全球性经济科技大潮之中,在此领域,创意作为智力制高点,将发挥着更为重要的作用。比如在企业当中,创意既是"核心",也是关键的第一步。企业策划时,必须先有好的创意,才能进行下一步策划,不然,策划会漏洞百出,甚至与初衷背道而驰。在科学研究中,反常规思索往往是发明第一步,这恰是创意的精粹所在,创意是反常规的、是新创造。

有人说,未来世界之争不在资源,而在于创意。在智能较量的新时代,最大的矿藏不在地下,而在每个人的头脑里。作为科技大国,日本非常重视创意开发,所有的学生必修创意课程,而且他们还专门开办各种创意、创造学校,东京和大阪等电视台经常开展"一日一创"活动。这一切说明他们真正的第一,是创意第一!创意,可以领先一步开创新科技、新思想,可以拥有更多知识产权,可以拥有更强大的力量。

> 美国人民意识到本国的经济优势是依赖全体国民的独创力,而非丰富的天然资源。
>
> ——[美]亚历克斯·奥斯本

贾岛苦吟吟出
创意与灵感之别

灵感是天然，创意是人工。灵感不会凭空发生，一般要有创意思考的前提，它来自于创意，又是创意中最为精妙的代表。

　　贾岛是唐朝著名诗人，有一次，他骑着毛驴来到长安朱雀大街。正是深秋时分，风吹叶飘，景色十分迷人。贾岛触景生情，吟出一句诗词——"落叶满长安"。可是他一琢磨，这句诗是一个下句，得有个上句才行。于是他一边骑驴往前走，一边苦思冥想起来，嘴里还不停地念念有词。

　　这时，对面来了京兆尹刘栖楚，他坐在高头大马上，前有鸣锣开道，路人纷纷躲避，气势好不威武。偏偏贾岛沉思诗句，根本没有注意到他，直直地闯过来，而且灵感忽至，高声诵道："秋风生渭水。"刘栖楚吓了一跳，以为贾岛是疯子，叫人把他抓了起来。

　　没想到，贾岛被关一夜，竟然做出《忆江上吴处士》一诗：

　　　　闽国扬帆去，蟾蜍亏复圆。
　　　　秋风生渭水，落叶满长安。
　　　　此处聚会夕，当时雷雨寒。
　　　　兰桡殊未返，消息海云端。

　　经过这次教训，贾岛不但没有改掉自己的"毛病"，反而更加痴迷于诗作。没过多久，他又一次骑驴闯了官道。这次，他正琢磨着一首诗，诗文为：

　　　　闲居少邻并，草径入荒园。
　　　　鸟宿池边树，僧推月下门。
　　　　过桥分野色，移石动云根。
　　　　暂去还来此，幽期不负言。

这是贾岛的新作,可是他对其中一句"僧推月下门"不满,觉得"推"字不太合适,不如"敲"字好。他嘴里念着"推敲"二字,不知不觉骑着驴闯进韩愈的仪仗队里。

韩愈既是政治家,也是文学家。他叫来贾岛,询问他为什么闯进自己的队伍。贾岛将自己的困惑说出来,并用征求的眼神望着韩愈。韩愈不由笑起来,大声说:"我看还是用'敲'好,万一门是关着的,推怎么能推开呢?还有,晚上去别人家,还是敲门有礼貌呀!"

贾岛听了,高兴地连连点头。

从贾岛的故事中,可以明确地看出创意与灵感之间的关系,以及它们的区别。人们常说,文学创作需要灵感,灵感是一种神秘现象,往往有了灵感才能创作出优秀作品。但是,光有灵感不能完成创作,创作是创意活动,是人工的结果。

从心理学上讲,灵感是最高级生命活动的最高级精神生命现象,是刹那间独创性极强的表现。灵感具有突发性、亢奋性、独创性和短暂性的特点,事先难以预料和控制,突然出现,而且伴有激情,同时这是一种全新的、没有雷同的、稍纵即逝的感觉。灵感是人脑的机能,是人对客观现实的反映,与创意可谓休戚相关。但是,灵感不是神秘莫测的,也不是心血来潮,它不会凭空产生,而是人在思维过程中带有突发性的思维形式,长期累积、艰苦探索的一种必然性和偶然性的统一。

灵感一般都有创意、思考作为前提。很多作家没有灵感时会深入思索,或者动笔反复起草,以引发灵感。"读书破万卷,下笔如有神",说明灵感来自于创意过程。实际上,在创意活动中,每个环节都会产生灵感。反过来,灵感又是创意的代表和精华部分。

要想获得灵感,离不开创意活动;在灵感影响下,创意又能得到升华。资讯是产生灵感和创意的途径,不同的信息会带来不同的结果。比如关注外界资讯会带来灵感。伟大的科学家牛顿因苹果落地,发现了万有引力,这就是外界信息带来的灵感。注重思维信息也会产生灵感。阿基米德在洗澡时忽然来了灵感,高兴地光着身子跑到大街上,这是苦思冥想的结果。苦思冥想的时候,潜意识里会冒出很多信息,如果一个信息可以沟通多种信息,这就是一种灵感,会形成创造性思维。另外,留意启迪信息,以及来自各个方面的自由资讯,都是灵感产生的源泉。诗人白居易就是从音乐中获得灵感,写出《琵琶行》,这是典型的从别的艺术意象中寻找启迪信息的例子。自由信息是来自于创意者头脑中的潜意识,是针对思维信息而言的,它往往在意识放松或者思想麻痹时才出现。众所周知,诗人李白喜欢饮酒,每醉必有佳作,自称"斗酒诗百篇",这就是自由信息带来灵感的典型事例。

　　创意和灵感密不可分,又各具特色,它们之间的区别在于:① 时间长短。灵感往往是瞬间的,而创意需要经过一定时间酝酿、思索。② 有无意识。创意是人类大脑有意识的活动,是在一定动机下产生的,灵感只是一种感觉。③ 是否理性。创意是人为的、理性的活动,而灵感反之。可见,创意高于灵感,需要一定技术操作性,灵感只是一种偶发的想法,可以说,它来自于创意,是创意中最为精妙的代表。

独创能力是国家兴亡的关键所在。

——[日]川上正光

魏格纳以生命为代价
展示创意多种分类

创意多种多样,时时处处都有,具体包括以下几个方面:实物的发明或革新,解决问题的新对策、新方法,理论构想,认识或者境界的变化,制度革新。

  1912年1月6日,在法兰克福地质学会的会议上,一位年轻人公开提出"大陆曾经是一个整体"的观点。他叫魏格纳,是气象学方面的新星。

  地质学家们当然不欢迎魏格纳这个"闯入者",尤其是他毫无根据提出的"大陆漂移学说",因为这从根本上动摇了地质学根基。于是,各种嘲讽和打击纷纷朝向魏格纳,讥笑他的学说是"智力拼图游戏"、"诗人的浪漫想象"。

  魏格纳接受着来自各方的压力,坚持自己的观点,并努力寻找证据。其实早在1620年,著名学者培根也曾经产生过类似念头,不过他没有深入研究下去。这次,魏格纳没有退缩,而是勇往直前,以致丢掉了在德国大学的教职也在所不惜。

  可是,十几年时光过去了,魏格纳依然没有找到充足的证据证明自己的学说。1926年,他参加了一次专门讨论大陆漂移学说的会议,会上14名权威专家有半数以上坚决反对他的学说。他没有争辩,只是默默感慨:"漂移理论的牛顿还没有出现。"

  几年后,魏格纳带领科学考察团前往格陵兰岛探险,在他生日那天,他独自一人去冰河地带寻找支持自己理论的证据,结果再也没有回来。

  直到30年后,科学家们终于采用最新的科学技术证实了魏格纳是正确的。至此,大陆漂移学说正式成立。

  魏格纳提出大陆漂移学说,这一过程说明一个问题:人们往往只会看到新成果、新发明或者新的财富,却往往忽视创意本身。这是由于前者有形,后者无形,他们不知道"有产生于无"的哲理。在历史中,在人生中,创意涵盖着各方面,大体有以下五类表现形式:

  1. 实物的发明或革新:这是最通俗的创意,比如发明电话、电灯。
  2. 解决问题的新对策、新方法:这也是常见的创意,比如曹操挟天子以令诸侯,就是一种政治创意。

3. 理论构想:哥德巴赫猜想、宇宙大爆炸学说,都属于理论性创意。

4. 认识或者境界的变化:有些人想不开,经过他人劝说放弃自杀的念头,这也是创意的一种表现。

5. 制度革新:这是比较实用的创意,现代企业常常透过这种方法改善管理方式,提高工作效率。

以上五类创意体现在人类生活的每个领域,从不同角度观察,又有不同的分类。

1. 根据发生领域,创意可以分为科技创意、经济创意、政治创意、社会创意和文化创意。创意不只是发生在经济领域,也不只是发生在文化领域,而是发生在社会各个领域。只有全面发展创意,才会实现创意的人生和国家。

2. 根据所属专业,创意分为广告创意、设计创意、文学创意、艺术创意、营销创意、管理创意、技术创意、规划创意等等。每一个专业都是创意的产物,也都在创意中发展。广告、设计等更是创意重点专业。

3. 根据完善程度,创意分为不完全创意和完全创意。萌芽创意指的是尚未成熟、只具有一定雏形的创意,它可能有用,也可能只是为下一步创意打基础。不管怎样,相对于理想的成熟创意,我们不能打击它、毁灭它,而是给予尊重、保护,并支持它发展。

4. 根据发展状况,创意分为原始创意和衍生创意。前者是第一次出现、意义重大的创意,是创新。后者则是对创新进行消化吸收后,衍生出来的创意。两者都很重要。

5. 根据产出价值,创意分为重大创意和一般创意。重大创意不仅规模要大,关键会产生较大的价值,这一点受到国家和企业重视;不过,一般创意也很重要,因为它们也有价值,而且很可能衍生出重大创意。

6. 根据创意是否先天,分为聪明创意和不聪明创意。前者是天生的、独创的、毫无轨迹可循的,它不必透过训练就能获得,比如科学发明发现;不聪明的创意是指后天获得的,可以透过训练培养出来的,比如产品的组合与分割、产品的改良、产品的新用途、产品的定位等。

7. 根据参与程度,创意分为职业创意和群众创意。前者指的是由专门组织和人员从事的创意,比如广告策划公司进行的创意;后者是相对于前者而言,指由普通大众提出的创意。群众智慧是无穷的,只有调动广大人民积极性,参与到创意中来,才会建设创业型的企业和国家。比如日本鼓励的很多创意,就是此类。

8. 根据产生条件，创意分为主动创意和偶然创意。前者是有意识的创意，是经过一定准备的创意，比如各种科研创造；后者是无意识的创意，也可能在有意识的创意活动中产生。弗莱明发现青霉素，就是典型的无意识创意。两种创意虽然存在有无意识之分，但在价值方面没有区别。

总之，不管创意如何分类，也不管是哪种创意，都是人类的使命，人类生存发展不息，创意创新活动不止。

> 创意有着某种神秘特质，就像传奇小说中在海洋中会突然出现许多岛屿般。
>
> ——［美］詹姆斯·韦伯·扬

蜡烛照亮的大创意

所谓大创意,即"big idea",中文表达是"大创意"或"好的创意"。这是最近几年提出的关于创意概念的新说法,分为寻找大创意、实现大创意两个过程。

某位富翁有三个儿子,退休之前,他准备在三个儿子当中选一个最有生意头脑的,将事业交给他来打理。

经过深思熟虑后,富翁将他的三个儿子请到办公室,对他们说:"我要在你们三人之中,挑选一位思维最有创意的,来继承我的事业。现在工厂内有三间空仓库,一天之内,你们用自己的方法把空仓库填满,谁花的钱最少,谁就能赢得这次的测验,谁就能继承我的事业。"

三个儿子接受测验,立即离开办公室,分头准备行动。大儿子去工具间带走了锄头、铲子、畚箕,二儿子也准备了锯子和绳子,但小儿子一溜烟的不见了。

大儿子带着工具开始忙碌,他满头大汗的从山坡上,一畚箕、一畚箕地把砂土挑到空仓库;二儿子也不闲着,他用绳子拖回一棵棵从树林里锯下的大树,一下子就把仓库填了大半空间。

天黑时分,他们把父亲请到仓库,检查自己的成果。

大儿子得意地说:"砂土便宜,我只用五吨的砂土就把仓库填满了。"

父亲说:"很好。"

二儿子不甘示弱,忙说:"我用锯下的大树把仓库填满了,造价更低。"

父亲说:"不错。"

这时,小儿子把父亲请进仓库,里面只有一支几块钱的小蜡烛。就在大家疑惑不解的时候,他点燃了蜡烛,问父亲:"爸爸,您看看这仓库里,哪里还有没被光填满的地方?"

父亲看了,满意极了,他选择小儿子继承自己的事业。

一支小蜡烛,产生意想不到的效果和价值,体现出"大创意"的高妙之处。所谓大创意,即"big idea",中文表达是"大创意"或"好的创意"。这是最近几年提出的关于创意分类的其中之一。大创意除了规模大、产生价值高之外,还有哪些

特点呢？

首先，寻找大创意是一种心智检索的过程，是一种艺术家行为。比如在广告创意中，创意人员在撰写文案或设计美术作品前，应该先在头脑中形成广告的大致模样，这就像艺术家经过仔细收集信息、分析问题，寻找关键文字或视觉来传达需要说明的问题一样。

其次，一般来说，大创意应该具有首创精神，以别开生面的方式将产品和消费者结合起来，为创意表现注入生命活力。有一年瑞典举办世乒赛，闭幕式上，瑞典的总开支不足一万美元，表演的节目不过十几个人，其中没有一个是专业演员，都是组委会的工作人员，她们穿着自己的衣服就上了台。结果，她们用传统的瑞典木屐跳民族舞，效果极佳。这就是"大创意"的典型事例。

还有，大创意需要一定时机才能实现。瑞典有个典故，叫"第二只老鼠得到奶酪"。因为第一只冲上去的老鼠被捕鼠器打死了，而第三只去时奶酪已没有了。寻找到大创意之后，应该抓住时机实现大创意。比如在广告创意中，只有透过文字、图像、音响等符号，将信息塑造成完整的传播形态，才能打动受众的心灵与感情，这就是实现大创意的过程。

最后，做事的最高境界在于"智慧"得到"最大"展示，而不是看排场和花费有多大。比如爱情面前，999朵玫瑰和1朵玫瑰的价值也许相同。所以，创意之大，并非权势之大、财富之大、投入之大,不是比谁家的房子豪华、谁家的车子大,诸如此类的"大"与创意无关,只会阻碍创意产生。真正的大创意,是将艺术化深入到底的行为,有人这样描述广告中的大创意:"如果说文案是广告的文字语言,艺术就是广告的身体语言。"

现在,大创意是一种趋势,指导创意人员艺术、合理地运用各种素材,彼此关联、互相加强,充分体现创意的魅力。

> 万里之行,始于梦想;唯有对于梦想的坚信,才能造就艺术家。而艺术家正是我们这个时代所需要的企业家的榜样。
> ——欧内斯特·霍尔(Earnest Hall)

一张纸尿片
打开广告创意的大门

综合来看,广告创意就是以消费者心理为基础,透过一系列创造性思维活动,表达一定的广告目的,促使消费者购买的思想行为。

一位女士在她27岁时,想应征一家国际排行50强的4A公司的广告创意员。可是她没有任何行业经验,当朋友们听了她的打算后,无不认为她在痴人说梦。

但她没有退缩,而是经过一番思索,寄出了自己的求职信。这不是一封普通的求职信,而是一件包裹。她向所有她中意的公司各投递一件,并且直达公司总经理。

可想而知,一件包裹在成堆的千篇一律的信封中,无疑鹤立鸡群,一下抓住了所有的好奇视线。当打开包裹时,里面的东西更是让人跌破眼镜——只有一张薄薄的纸尿片,正面写着:"在这个行业里,我只是个婴儿。"背面留了她的联系方式。

这封特殊的"求职信"为她敲开了工作的大门,几乎所有收到这张纸尿片的广告公司老板,都在第一时间打了邀请面试的电话给她。无一例外,他们问她的第一个问题就是:"为什么你要选择一张纸尿片?"她的回答像她寄出的"包裹求职信"一样富有创意,她说,"我知道我不符合要求,因为我没有任何经验,但我像这纸尿片一样,愿意学习,吸收性能特别强;而且,没有经验并不代表我是白纸一张,我希望你们能透过这个细节看到我在创意上的能力。"

她成功了,她不但成为创意人员,最后还成为了创意副总监。

"创意是广告的灵魂",广告离不开创意,这是人所共知的。什么是广告创意?它具有哪些特色呢?

目前,广告界一般从动态和静态两方面去理解创意。从前者的角度去理解,创意指的是一种创造性的思维活动,这种活动的主体是广告创作者,客体是广告活动本身。从后者角度去看,创意是创作者思维的结果,是一个个具体的"点子"。综合来看,广告创意就是以消费者心理为基础,透过一系列创造性思维活动,表达一定的广告目的,促使消费者购买的思想行为。

广告创意并非漫无边际地"瞎想",而是有一定要求和特色,这些要求可以归纳为四点：一、以广告主题为核心；二、首创性；三、实效性；四、通俗性。

首先，广告主题是广告创意的出发点和基础，只有把握主题，才能清晰明了地表达主题；相反，如果不以主题为核心，或者偏离主题，那么，再有创意的广告也不能准确生动地传播资讯。这就像南辕北辙的故事，广告往往会干扰信息的传播。同时，广告主题还是创意发挥的最基本题材，在此基础上，独特的创意才能发挥作用。这样，我们就能理解盛锡福牌匾为何几次削减字词，最后只留下名称了。这才是突出广告主题，以其为核心进行宣传。

其次，创意必须有自己独特的一面，这样才能产生强烈效果。因此，首创性就成为创意的另一个重要特点。一般广告创意，都是将以往毫不相干的两件或更多的物体或观念进行组合，产生新的东西或观念，这就是一种首创。当然，首创虽然重要，但并不等于脱离广告主题，或者哗众取宠，创造一些稀奇古怪，却毫无意义，甚至危害到他人或社会的东西。

再有，不管广告创意如何独特，都要为一定的目的服务，这个目的大多是商业目的，也就是销售目标。这体现了广告创意的实效性特点。广告大师克劳迪·霍普金斯说："广告的唯一目的就是实现销售。"任何广告创意，如果不能带来一定效益，不能实施操作，都不是一个好创意。

最后，必须明确的一点是，广告创意要透过大众传播才可以进行，就是说，为了创意能够付诸实施，它必须要有通俗性。如果脱离大众，不为大众理解，怎么可能被他们接受？因此，采用简洁明了的词语、方便实用的传播媒体，将有利于创意实施。

看来，广告创意绝不是一般意义上的模仿、重复、循规蹈矩，大多数人都能想到的绝不是好的创意，实际上根本就谈不上创意。亚历山大第一次用剑劈开怪结是一个创意，我们再次用剑劈开就不是，而我们如果用火烧掉怪结，肯定会是一个好的创意。

> 想象是发明、发现等一切创造性活动的源泉。
> ——亚里士多德

从为女儿喂药
到发明调味剂的创意过程

产生创意的基本方针有两点：创意完全是把事物原来的许多旧要素做新的组合。必须具有把事物旧要素予以新的组合的能力。

  1992年，美国商人肯尼·克拉姆夫妇最小的女儿出生了。不幸的是，这个孩子是个早产儿，脑部瘫痪，出现间歇性肌肉痉挛发作的症状。为了治病，她不得不每天服用四次苯巴比妥药水，药量不够，病情就会持续发作。克拉姆夫妇每天喂女儿吃药，可是女儿太小了，苯巴比妥药水很苦，她每次服用时，不是呕吐就是把药喷出来，很难服够药量。为此，他们基本上每周都在急诊室度过。
  克拉姆非常疼爱自己的女儿，每次给她喂完药，总要尽量抱着她玩耍，并给她吃糖和水果。渐渐地，克拉姆有了一个发现，女儿每次吃药后都会哭泣，可是一看到香蕉，含泪的小眼睛里就会闪烁光芒。
  这时，克拉姆内心颇感酸楚，他想：如果苯巴比妥药水的味道也像香蕉该有多好，女儿就不用受这么多罪了。
  没想到，这个念头冒出来后，克拉姆立刻兴奋起来，他认为自己这个想法完全可行。从此，他一有时间就回到父亲的药店，尝试着调制一种既不冲淡药量，又不影响药效却能掩盖药物本身味道的调味剂。
  经过无数次试验，克拉姆成功了，他研制出一种香蕉口味的调味剂！他把这种调味剂添加到苯巴比妥药水里，喂女儿服药，女儿第一次十分痛快地服下药水。此后10年，女儿再也没有因为药量不足而住院。
  克拉姆从香蕉味调味剂入手，陆续研发改进其他液体、丸状、粉状处方药味的调味剂配方，进而创办福雷沃克斯公司，专门生产掩盖药品味道的调味剂。
  克拉姆的故事，比较完整地体现出创意的过程。对于创意的产生，世界公认的创意大师詹姆斯·韦伯·扬（James Webb Young）有过详尽的论述。他认为创意也是有规律可循的，产生创意的基本方针有两点：一、创意完全是把事物原来的许多旧要素做新的组合。二、必须具有把事物旧要素予以新的组合的能力。

一般来讲,创意思维需要经历一定过程,国学大师王国维曾经提出过"三境界"学说,从"昨夜西风凋碧树,独上高楼,望尽天涯路",到"衣带渐宽终不悔,为伊消得人憔悴",再到"蓦然回首,那人却在灯火阑珊处"。这一学说被广泛地运用在很多需要创新的工作领域,不论是学习还是研究,是做行动计划还是设计广告,因为这与人类创意思维的行进过程是相似的。

我们可以分析如下:

第一境界,自然是对多种信息进行高视点、多角度、全方位的观察(收集)、整理和分析。所有创意都是在原始信息基础上产生的。创意的第一步就是收集各种信息,这些信息既有特定信息,也有一般数据,只有对各种信息具有浓厚兴趣,掌握更多资料,才有可能像万花筒一样,组成更多图案,产生更多创意。对于收集的信息,还要整理分析,带着一个宏观的思路去梳理,进而理解、掌握。

第二境界是对前阶段经过分解列举的各个信息进行筛选、判断,进而去伪存真、去芜存菁的过程。判断信息有一定技巧。可以用不同的方式去考虑,也可以透过不同的角度进行分析。在这个过程中,创意者需要放开题目,放松自我,转向刺激潜意识的创作,刺激自己的想象力及情绪。

第三境界则是创意突现的过程。这是在前两个阶段基础上顿悟的时刻,也是一个需要细化创意的时刻。一个创意的初期萌发,肯定不会很完善,所以还要专业知识予以完善。詹姆斯·韦伯·扬在研究网版印刷照相制版法的问题时,经过长时间苦思冥想,疲劳至极,他就去睡觉了。没想到,一觉醒来,他看到天花板上出现了整个运作中的照相制版方法及设备影像。创意就这样"从天而降"。还有一个著名的例子也是创意"突至"的典型。阿基米德为了研究金冠的重量,日思夜想,极度疲劳的情况下,洗澡放

松自己,水声一响,他产生了灵感,就发现了浮力的作用。

现代社会,除了"三境界学说",对于创意过程,还有人提出不同看法,比如美国创造学家亚历克斯·奥斯本(A. F. Osbern)总结整理出"行停法";英国剑桥大学的心理学医学博士爱德华·德·波诺(Edward de Bono)发明"平行思维法",指出人们在思考时,情感、直觉、情绪、逻辑、希望、创造力等都要参与到思考之中。

> 再神奇的计算机技术也只是一种手段、一项工具,对广告业而言,最重要的资源永远是人脑、人的创造力。是否有创意,无论任何时候都是决定一个广告优劣高下的最根本因素。
>
> ——[美]阿德里安·霍梅斯

"冻"死的维修员告诉人们情商对创意的影响力

情商指的是人在情绪、情感、意志、承受挫折等方面的质量。情商的内容包括情绪控制力、自我认识能力、对自己的感召力、自我激励能力。情商是一种能力,是一种创造,也是一种技巧,情商高的人创意能力强。

有位货柜公司冷冻货柜的维修员,工作认真,做事负责,很少出现差错。不过他有个缺点,就是对人生悲观,常以否定的眼光看待周围的一切,这让他郁郁寡欢。

有一天,公司员工提早下班了,因为当年的业绩创造新高,老板十分高兴,举办庆功宴,邀请大伙共同庆祝。员工们很开心,高高兴兴地前去赴宴。

这时,谁也没有注意到那位维修员,正在待修的冰柜中。等到大家全部离去,维修员才发现自己被反锁在冰柜中了,他拼命敲打、使劲大喊,可是公司的人都离开了,根本没人听得到。

最后,维修员手敲到发肿,喉咙也喊哑了,但也没人回应。他颓然坐在冰柜内,开始胡思乱想,并且越想越害怕。他想,冰柜的温度只有摄氏零度,不出去一定会被冻死。既然无人响应,看来公司早就没人了,自己待在里面肯定出不去了,只有死路一条。于是,他从口袋里掏出纸笔,用发抖的手写下了遗书。

第二天早上,员工们陆续来到公司。当一人打开冰柜时,赫然发现维修员僵硬地倒在冰柜内,他赶紧招呼同事们把维修员送往医院。可惜他已无生命迹象。

面对这种结果,所有人都很惊讶,因为那个大冰柜有足够的氧气,而且冰柜的冰冻开关并没有启动,柜内的温度也一直维持在摄氏十六度,但维修员竟然给"冻"死了!看来他并非死于冰柜的温度,而是死于心中的冰点。他给自己判了死刑,不去积极想办法,又怎么能活下去呢?

从维修员之死中,我们可以了解到情商对创意的作用和影响。情商,由美国哈佛大学心理学教授丹尼尔·尔曼于1995年正式提出。他认为,情商指的是人在情绪、情感、意志、承受挫折等方面的质量。情商的内容包括情绪控制力、自我认识能力、对自己的感召力及自我激励能力。

以往，人们普遍认为一个人能否在一生中取得成就，智力水平是第一重要的，即智商越高，取得成就的可能性就越大。但丹尼尔·尔曼指出，情商水平的高低对一个人能否取得成功也有着重大的影响作用，情商的作用大大超过智商加技能之和。

情商是如何发挥作用的？与创意有什么关系？怎么样获得高情商呢？

情商是一种能力，是一种创造，也是一种技巧。科学家发现，人类的大脑分为情感和逻辑两部分，当一个人做出正常行为或者进行高级思维活动时，这两部分同时发挥作用。而一旦控制情绪的部分受损时，人可以清晰地、符合逻辑地推理和思维，但做出的决定都非常低级。由此可以得出结论，当大脑的思维部分与情感部分相分离时，大脑不能正常工作。所以，两者不可偏废，一个人要想进行高级思维活动，做出高级的创意，就必须具备高情商。要是一个人情商过低，不要说创意，就连正常思维、举动也很难实现。

这是因为情感常常走在理智的前面，其物质基础主要与脑干系统相联系。这就决定情商主要与非理性因素有关，它影响着认识和实践活动的动力。它透过影响人的兴趣、意志、毅力，加强或弱化认识事物的驱动力。

要想获得高情商，就要注意培养和训练。心理学家认为，培养情商应从小开始，如果一个成人情商偏低，也可以从多方面加以训练。比如可以时不时尝试另一种完全不同的生活方式，拓宽视野，提高情商；还可以与难以相处的人交往，发现他们的方式，尽量灵活到采用与之相同的方式。有个故事说，有对夫妻感情不和，经常吵架，每次争吵后两人都会冷战好几天。有一次丈夫在争吵后的第二天上午就发送了一条讯息，留下5257531一串号码。妻子看了，立刻给丈夫回复，留下2121241的号码。两人冰释前嫌，相约共进午餐。原来丈夫留下的"5257531"意思是"吾爱吾妻吾想你"，妻子留下的"2121241"则是"爱你爱你爱死你"的意思。这就是一个勇于做出改变，进而提高情

商的例子。

　　现代社会,不仅个人,各种企业对情商的认识和运用也越来越多,据百事可乐公司和欧莱雅公司等企业的结论,情商运用能力的差异可造成20%至30%的利润差额。在企业的管理高层中,情商所起的作用要占85%。管理高层的情商还能够感染和激励员工,进而有助于形成积极向上的企业文化。

知识,百科全书可以代替,可是考虑出新思想、新方案,却是任何东西也代替不了的。

——[日]川上正光

神仙指点的心理素质控制创意能力

人的行为不仅受利益驱使,还会受到多种心理因素影响。心理素质会决定一个人的状态,只有达到良好状态时,人才会产生创新的欲望。

　　有位先生,临终前十分不甘心,因为他一生没有什么成就,可谓虚度年华,碌碌无为。但他不怨恨自己,而是抱怨一位神仙。原来在他年轻的时候,偶然遇到过一位神仙,这位神仙为他算命,说他将来有机会福禄双全,很有地位,生活幸福美满,还有一位漂亮的妻子相伴。

　　然而,神仙的预测一件都没有实现,而他最终闭上绝望的双眼,命归黄泉。没想到,当他来到西天时,竟然又遇到那位神仙,他很激动地上前揪住神仙,责问他为什么没有兑现自己的诺言。

　　神仙却很坦然,一把推开他的双手回答:"我说过你有机会得到这一切,可是你自己不把握机会,让它们从你身边悄然溜走,这怪谁呢?"

　　"什么?你说什么?"那位先生十分迷惑。

　　神仙看着他,一一指出他曾经遇到过的各种机会:他想到一个好点子,可是因为怕失败而不敢去尝试,结果另外一个人采纳这个点子并付诸行动,因此大获利益,成为全国最有钱的人;他经历过一次大地震,有机会去拯救几百名被困的人,可是他害怕受伤,又担心家里的财物遭受损失,所以找了好多借口不去救人;他还遇到过一位漂亮的女子,那么强烈地吸引着他,可是他唯恐遭到拒绝而不敢求爱……

　　那位先生听着神仙的话,不停地点头,不停地流泪,他明白了自己为什么会一无所获。

　　故事告诉我们一个道理,每个人的身边都有很多机会,可是并非每个人都能抓住机会,如果一个人心理素质太差,怕这怕那,只能眼睁睁看着机会溜走,不会创造美好人生。这让我们看到心理素质的重要性。

　　心理是人的生理结构,特别是大脑结构的特殊机能,是对客观现实的反映。

神仙指点的心理素质控制创意能力

心理素质是人的整体素质的组成部分,是人类在长期社会生活中形成的心理活动在个体身上的积淀,是一个人在思想和行为上表现出来的比较稳定的心理倾向、特征和能动性。包括人的认识能力、情绪和情感质量、意志质量、气质和性格等个性质量诸方面。

心理素质所反映的是人在某一时期内的心理倾向和达到的心理发展水准,它会决定一个人的状态,而只有达到良好状态时,人才会产生创新的欲望,才能产生创意活动,因而它是人进一步发展和从事活动的心理条件和心理保证。2002年,卡尼曼因提出心理经济学研究成果"前景理论",荣获年度诺贝尔经济奖。这一理论的基本内容是,人的行为不仅受利益驱使,还会受到多种心理因素影响。从此,心理素质再次成为世人瞩目的焦点。

怎么样培养良好的心理素质,开创美好的人生和事业呢?

一个人的心理素质是在先天素质的基础上,经过后天的环境与教育的影响而逐步形成的。美国钢铁大王安德鲁·卡耐基说:"如果一个人不能在他的工作中找出点罗曼蒂克来,这不能怪罪于工作本身,而只能归罪于做这项工作的人。"人只有自我肯定,保持坚定的信念,才是成功的关键。

在现实中,提高心理素质,可以从提高心理承受能力入手。教育学研究表明,大多数冒风险行为形成于儿童时期。如果父母想让孩子长大后敢冒风险获取成就,就该让孩子有机会尝试风险和失败。凯瑟琳是俄国最伟大的女皇,她说过:"没有比我更大胆的女人,我的胆大妄为无以复加。"胆量让她成功,让她创造辉煌的人生和伟大的俄国。看来,勇于冒险、不怕失败,是获得冒险精神的根本。

一个皮球拍得愈用力,跳得愈高,人在面对压力或遭遇挫折时,产生创意愈大。不断冒险,不断失败,会让孩子平淡地看待风险,提高心理承受能力。如果一个孩子没有冒险的机会和失败的经历,他也就无法坦然面对风险,不会掌握创造活动的关键因素。

作为企业,可以像父母培养孩子一样,培养员工良好的心理素质。

这就需要企业给员工冒险和失败的机会,允许他们犯错。这才是革新的根本。一个缺乏风险的企业,注定不会获得太大成功。目前不少企业尝试采取"员工帮助计划",这就是 EAP(Enterprise Application Platform,企业应用平台),据调查,在《财富》500强中,有80%以上的企业设置 EAP,用以解决企业面临的心理问题。

> 在我的专业领域和个人生活中,不断的追寻一次又一次的创意。创意的活动让我感觉到自己的存在,却也曾让我痛苦不堪。历经三十多年的编舞生涯,我终于明白,只有当我把创意视为生活的一部分,当作一种习惯时,才能真正的拥有创意。
>
> ——[美]特怀拉·萨普

卓别林智斗歹徒
体现幽默在创意中的作用

幽默与创意思维之间存在着密切的关系,一个人为了激发出幽默,必然要摆脱理性思考和固有结论的束缚,而这正是创意思维的必要条件。幽默感体现了右半脑许多十分强大的功能:适应环境,综观全局,以及将各种不同的观点结合起来形成新的见解——创新。

卓别林是伟大的谐星、幽默大师。有一次,他回家的路上遇到歹徒,被歹徒用枪指着头,逼他交出身上所有的钱财。

卓别林手无寸铁,知道自己抵抗无益,就乖乖地交出钱包,对歹徒说:"这些钱不是我的,是我们老板的,现在这些钱被你拿走,我们老板一定认为我私吞公款。我和你商量一下,拜托您在我的帽子上打两枪,证明我遭打劫了。"

歹徒并不知道眼前的人就是卓别林,他看到钱包里一大叠钞票,心想,有了这笔巨款,还在乎两颗子弹钱吗?不如成全他,于是便对着卓别林的帽子射了两枪。

没想到,卓别林继续恳求:"大哥,您可否在我的衣服、裤子再各补两枪,让我的老板深信不疑。"

头脑简单的劫匪被钱冲昏了头,通通照做,一下子六发子弹全射光了。

这时,卓别林不再怠慢,一拳挥去,打昏歹徒,取回钱包,笑嘻嘻地走了。

幽默大师智斗歹徒,为我们上演一幕精彩的喜剧。幽默作为一个美学范畴,指一种令人发笑而有余味的情操。笑是幽默的外部特征,没有笑就不称其为幽默;但笑还不是幽默的本质特征。从本质上

说,幽默感是具有一定深意的东西,通常包含自相矛盾的情况或性质。比如,只有当突然发生不同寻常的状况或者产生矛盾时,一个幽默的情节才会凸显出来。所以,幽默是摆脱理性思考和固有结论的一种结果,而这恰是创意思维的必要条件。可见,幽默与创意思维之间存在着密切的关系。

  首先,幽默是创意思维的条件。研究发现,幽默感是人类才智的最高表现形式之一,一个人的幽默感越强,他的认知能力也越强。这是由于右半脑在理解和欣赏幽默感上起着重要作用。当右半脑功能强大时,一个人适应环境、纵观全局的能力提高,幽默感增强。当右半脑受损时,大脑处理复杂问题的能力就会削弱,幽默感降低。

  可见,天生的幽默感对于创意思维的影响显而易见。山田六郎是日本大阪最大餐馆的董事长,他是一位具有幽默感的经营者,经常利用幽默为餐馆提高知名度,调动员工的积极性。有一次,职员们集体罢工,对此山田采取了出人意料的幽默对应策略:在罢工结束后,他在餐馆内贴满了"欢迎罢工"、"罢工有理"之类的标语。这些幽默的标语自然引人注目,在媒体推波助澜下,餐馆的名声越发响亮。

  其次,幽默是创意思维追求的结果。广告大师李奥·贝纳曾经说:"每一件商品,都有戏剧性的一面。我们的当务之急,就是要替商品发掘出以上的特点,然后令商品戏剧化地成为广告里的英雄。"他认为,广告创意"最重要的任务是把它(戏剧性)发掘出来加以利用。"在创意的思维形式中,是离不开幽默成分的;幽默产生意想不到的效果,又是创意的追求目的。

  第三,幽默感不仅是一种娱乐方式,有技巧地运用幽默感会提高一个人的创意能力,增强他的各方面才能。费比奥·萨拉(Fabio Sala)在《哈佛商业评论》(*Harvard Business Review*)说道:"幽默感能减少敌意,消除有偏见的指责,缓解紧

张压力,鼓舞士气和传递复杂的信息。天生的幽默感和另一种更显著的管理特性紧密相连——高情商,可以说是它的升华。"

最后,幽默的不可复制性,体现出创意的特色。目前人们正在进入一个高科技、高概念的时代,在这种背景下,幽默作为一种复杂而特别的人类智慧形式,它是不能被科技复制的,这种特性使它变得越来越有价值。它正在一面促进人类的创意能力,一面不断地出现在创意中。这种结合,成为传递信息、吸引他人注意力的有效手段。通常情况下,幽默的创意在点明问题本质的同时,会带给他人余味无穷的回味余地,试想一下,这样的创意谁不欢迎?

创意者特色:智商不一定高,十年以上的努力,独立、执着、对工作有强烈的动机,怀疑与冒险的性格,凭直觉和本能做事,有时难相处,天生的合作者,好探讨、辩论……

——郭泰

来自日本女性的直觉与创意

直觉是指不以人类意志控制的特殊思维方式,具有迅捷性、直接性、本能意识等特征,是人类的第六感觉。一位创造学者曾说,只要认真重视或开发,一个家庭妇女每个月的创意构想比一个公司中阶经理都还要多。

日本是个重视创新发明的国家,他们的许多新产品为人们带来很多方便。可是这些新产品背后,却非高学历、高科技的研究人员,而是普通的家庭妇女,这是怎么回事呢?

在日本,经营食品行业十分不容易。有位小老板苦苦经营着自己的一家小企业,状况惨淡。但他是位喜欢钻研的人,不遗余力地开发各种新产品,尽管效果不佳,他却乐此不疲。一个偶然的机会,他听到有人说了件事,触动很大。

有位5岁的小男孩,不愿吃饭,挑食拣吃,为此他妈妈很伤脑筋,却无计可施。有一次,妈妈说了句:"用鱼汤拌饭。"没想到小男孩终于肯吃了。

小老板从这件事受到启发,他想到是否可以开发拌饭食品呢?几经试验,他获得成功,开发了新型的"拌饭食品",用浸过酱油的鱼片、烤过的裙带菜、肉糜鲜汤,真空包装后直接用于拌饭,儿童爱得不得了。

妈妈不经意的一句话,带来一项巨大的产业,与此相似,双门冰箱的发明也来自于一位家庭妇女的话。

一天,三洋公司的一位技术员回到家中,苦思冥想如何改进冰箱技术。在公司,他是负责冰箱开发研制任务的技术人员,面对越来越激烈的市场竞争,他需要不断提高自己公司产品的技术水准。可是该从哪里下手呢?就眼前情况来看,他不知道该从哪里入手改进冰箱技术。

这时,他的太太正在厨房做饭,不断地从自己研制的冰箱里取放物品。他看见了,走过去问道:"太太,你使用冰箱时,发现有什么不便吗?"

"这个,"太太认真地想了想,说,"您看,我不管取什么东西,都要打开大门,这样太浪费电了。"当时,冰箱是单门设计。

这句话让技术员大为激动,他立刻想到,可以发明双门冰箱取代单门冰箱。双门冰箱由此诞生了,至今不曾改变。

在日本,不仅故事中的两项创新来自女性,而且很多创新发明都与女性有关。日本特别关照女性在创新方面的天赋,他们推出各种措施,鼓励女性参与创新,提出各种新点子、新问题,比如带抽屉的菜板、底部开孔的盆子等,都是女性提出来的。到底是什么天赋让女性带来这么多创新呢?很简单,女性直觉。

我们常常说:"女人的直觉强于男人。"直觉是指不以人类意志控制的特殊思维方式,具有迅捷性、直接性、本能意识等特征,是人类的第六感觉。由于女性和男性先天性的生理差别,也由于在后天生活中经历和训练不同,女性直觉更为敏锐,也更为准确,这就是女性直觉强于男性的原因。对此,一位创造学者曾说,只要认真重视或开发,一个家庭妇女每个月的创意构想比一个公司中阶经理都还要多。

直觉是一种本能知觉,它能对于突然出现在面前的事物、新现象、新问题及其关系,不经过逐步的分析和推理,做出迅速识别、敏锐而深入洞察,这与逻辑思维有着明显区别。有位日本商人从妇女杂志上得知,以往的厨具不能满足妇女们的需求了,他召集职工研究,决定率先推出不锈钢洗刷台,大获成功。

直觉形式分为再认性直觉和创造性直觉两种,前者指思维对象与已有的思维模式相同时,凭借已有的思维模式进行的知觉思维活动;后者指遇到新的思维对象时,以创造性思维方式快速地做出反应,以顿悟的形式解决问题进行的思维活动。当美国人找到爱迪生,请他解决鱼雷速度过慢问题时,爱迪生未做任何调查和计算,立即提出一种意想不到的办法:做一块鱼雷大的肥皂,由军舰在海中拖行若干天,由于水的阻力作用,使肥皂变成了流线型,再按肥皂的形状建造鱼雷,从此流线型鱼雷诞生了。

直觉在创意中的作用显而易见,但是并不等于直觉可以取代逻辑思维。实际上,一个好创意恰恰是直觉与逻辑思维互相作用的结果。比如艺术家创造作品时,在进行有步骤地分析、综合过程中,往往会捕捉一些感性形象。前者是逻辑思维,后者就属于直觉。可见两者并不矛盾,逻辑思维中常常需要直觉,才可以得到意想不到的灵感;直觉在逻辑思维影响下,也会得到提升。

直觉是本能,是一种心理现象,但是在生活工作中,要想训练直觉,为创新创意服务,也不是没有办法。比如采取松弛法,把右手的食指轻轻地放在鼻翼右侧,产生一种正在舒服地洗温水澡的感觉或仰面躺在碧野上凝视晴空的感觉,以此进行自我松弛。这有利于右脑机能的改善,提高创意能力。

十块钱两张名片
体现出思维与创意的关系

创造性思维具有新颖性、灵活性、艺术性和非拟化的特点,它可以不断增加人类知识的总量;不断提高人类的认识能力;可以为实践活动开辟新的局面;又可以回馈、激励人们去进一步进行创造性思维。创造性思维是创意活动的根本;创意又是创作者创造性思维的具体体现。

　　一位业务员造访某家公司的董事长,当他恭敬地将名片递给董事长时,董事长不屑一顾,当场就把名片退了回去。业务员并不放弃,又掏出一张名片递给董事长,并说:"没关系,我下次再来拜访,所以还是请董事长先生留下名片。"

　　董事长生气了,拿过名片将它撕成两半,并且傲慢地从口袋里拿出十块钱,对业务员大声吼道:"十块钱买你一张名片,够了吧!"

　　在场人见到这种场面,无不替业务员难过。可是业务员却很开心,只见他一边掏出一张名片,一边说:"十块钱可以买两张我的名片,我还欠你一张。"说着,将这张名片再次递到董事长手里。

　　董事长接过名片的瞬间,满面笑容,转身对他的员工说:"像这样有创意的业务员,你们应该好好学习。"说完,他十分客气地请这位业务员进入自己的办公室。

　　业务员以出人意料的方式说服董事长,这体现出独特的思维在创意过程中的作用。

　　思维是人脑对客观现实概括的和间接的反应,它反映的是事物的本质和事物间规律性的联系。与感性认识相对应,思维反映的是一类事物共同的、本质的属性和事物间内在的、必然的联系,属于理性认识。

　　思维最基本的过程就是人脑对信息的处理,包括分析、抽象、综合、概括、比对等等,主要形式包括概念、判断和推理。人们在思维的过程中可以表现出各自不同的特点,比如敏捷性、灵活性、深刻性、独创性和批判性等,其中独创性是指思维活动的创造精神,也就是创造性思维。爱因斯坦说:"发明在这里是一件建设性的事,它并不产生什么本质上新颖的东西,而是创造了一种思维方法。"

十块钱两张名片体现出思维与创意的关系

顾名思义,创造性思维就是一种具有开创意义、进取精神的思维活动,这种思维活动以感知、记忆、思考、联想、理解等能力为基础,是一种具有综合性、探索性、新颖性、灵活性、艺术性和非拟化的高级心理活动。从创造性思维的特征来看,它一方面可以不断提高一个人的认识能力,增加他的知识总量,另一方面又可以为实践活动开辟新的局面,回馈激励他去进一步进行创造性思维。

创造性思维充斥在创意的整个过程中,对创意具有非常重要的影响作用。创意实际上是一种创造行为。创意者从创意的一开始,就要准确把握创意的要点,拥有全新的创意观念,使创意的主体新颖、鲜明、品味高尚、意境深厚,无论在视觉还是感觉上都能够具备十足的冲击力。要做到这一点,离不开创造性思维,比如在广告创意中,广告创意者在捕捉灵机一动的思想火花时,也要善于摆脱旧的观念,寻找新颖独特的视角,进而获取有价值的点子和构思。这就需要创意者必须具有创造性思维的能力,具有较强的创造力。

综上所述,创造性思维是创意活动的根本,创意又是创作者创造性思维的具体体现。创造力和其他各种能力都是思考的结果,当常识与创新的结合是以挖掘大脑的杰出能力作为开始时,大脑的潜力就会源源不断地爆发出来。

我认为人生最大的刺激之一是日新又新,不受制于旧观念,这样,才能自由地寻找新创意。

——[美]罗杰·冯依区

大鱼吃小鱼的习惯影响创意

长期行为导致的惯性思维,由智慧养成的习惯,能成为第二天性,可见习惯对于创意的影响力。

俗话说"大鱼吃小鱼",这是人们根据大自然规律总结的经验。然而,最近科学家透过一项特别实验,却得到了不同的结论。他们把一条大鱼和一群小鱼放在一个玻璃鱼缸中,将两者用一块玻璃隔开。一开始,饥饿的大鱼不停地游向小鱼,准备饱餐,可是它不停地被玻璃挡住,被撞得鼻青脸肿。数次之后,大鱼不再试图游向小鱼了,这时,研究人员拿走了玻璃,可是他们惊奇地发现,玻璃没了,大鱼也不再有吃掉小鱼的冲动了。它眼睁睁地看着小鱼快活地游来游去,似乎与己无关,根本不予理睬。

还有一个实验与此相似,颇为有趣。

法国教育者在对学生进行数学测试时,想到了一个好方法。他们在诸多的数学题中,夹杂了这样一道题目:一条大船在海上航行,上面有 75 头牛、32 只羊,请问船上的船长年龄多大?结果,他们得到了 64% 学生的回答:43 岁。为什么呢?很简单啊,75 − 32 = 43。

这件事情引起很多人关注,不少教育者表示怀疑,认为没有学生会愚蠢到这种程度。于是他们想到了另一个测试办法。

在地理测试时,他们在学生试题中加进去一道新题目:一位探险家,向南走了 1 英里,然后,折向东走了一段路,再后,又向北走了 1 英里。结果他回到了原来的出发地,并遇上了一头大熊。你说,他见到的是头什么颜色的熊?

对于这道题目,大多数学生没有回答,他们说:"这既不像地理题,又不像数学题,而且,从平面几何中学到的理论来看,探险家只转了两次 90 度,怎么可能回到原地?!"

可是,学生们错了,如果综合思考一下,就会发现探险家两次就转回到了原地,说明他所在的地方是地球的一个特殊点。这是什么点呢?北极。在白雪皑皑的北极,才会遇到一头熊,这头熊也只能是白色。

如果抛开习惯,这道题目不仅有答案,而且答案是唯一的。

生活中,我们常常提倡养成良好的习惯,有人说:习惯若不是最好的仆人,就是最差的主人。然而对于思维而言,再好的思维方式,一旦成了习惯,都是可怕的灾难!它会让人丧失创新的机会和能力。

我们说过,灵活性、流畅性和独创性是创意思维三个最重要的特征。灵活性反映思维的广度,流畅性指思维的速度,而独创性反映了思维的深度。一个人,只有勇于突破传统思维的束缚,不断尝试使用新方法、新手段解决问题,不固守陈规,才能获得过去不曾有过的新成果,体现出思维的独创性。由此来看,创意的精髓在于打破常规,打破惯性。

可是长期行为导致的惯性思维,由智慧养成的习惯,能成为第二天性,会固化很多东西,限制人的思维。很多时候,习惯一旦形成,就像模型中硬化的水泥块,难以打破。这对创意来说,有百弊而无一利,是限制创意的力量。

不过,习惯对人生也有积极的意义,良好的习惯会让人做事顺利,并不被琐事纠缠,容易成功。曾经以音乐剧《破浪而出》而获得"东尼奖"的知名编舞家特怀拉·萨普(Twyla Tharp)告诉我们,其实,创意一直存在在生活的四周,我们缺乏的不是创意的内容,而是保持创意的习惯。对她而言,"创意是一份全职的工作,而

且需要良好的工作习惯"。俄国作曲家伊格尔·史特拉文斯基（Igor Stravinsky）每天早上走进音乐室，就会坐在钢琴前弹奏一段巴赫的作品，再开始音乐的创作。石油大王洛克菲勒习惯运用"一页纸"战略，再复杂的问题也要在一页纸上表述。这些习惯让他们的能力得到完满地发挥，事业进展顺利。

　　从以上两点分析，习惯之于创意，从不同角度看具有不同效果。究竟该怎么样看待习惯与创意，并让他们进行合理的结合呢？首先需要肯定的是，创意不是无中生有，需要充分的准备与持续的练习，从这点讲，就应该让创意成为日常的例行工作，成为一种习惯。比如记住点子产生的最佳时效，随时记录点子、防止遗忘，都是有助于创意的好习惯。另外，必须明确的是，创意的灵魂是创新，"标新立异"是创意的关键。突破、跳出传统观念和习惯势力的禁锢，从新的角度认识问题，以新的思路、新的方法创造，才能产生人类前所未有的更好、更美的东西。

创新是创造价值的新想法。

——高盛公司首席"学习官"理查德·莱昂斯

老鼠首领懂得语言与思维关系

语言与思维互为表里，语言是思维的外化，思维是语言的内化。

有个笑话十分流行：

有一群老鼠生活在阴暗的角落里。有一天晚上，老鼠首领带着小老鼠们外出觅食，很快就钻进一家人的厨房。它们翻来找去，发现垃圾桶里装满了各式各样的剩饭剩菜。这群老鼠非常高兴，就像人类发现了宝藏一样，围着垃圾桶准备饱餐一顿。

然而就在这时，忽然传来一声猫叫——"喵"。这声音无疑晴天霹雳，吓得老鼠们一个个心惊胆战，顾不得吃喝，狼狈逃窜，慌不择路。结果两只幼小的老鼠缺乏经验，慌乱之中竟然找不到逃路，一头钻到那只穷追不舍的大花猫的脚下。

眼看着两只小老鼠就要成为大花猫的腹中之物，但这时令大伙意想不到的事情发生了：一声狗吠传来，"汪汪"的叫声震天动地，十分凶恶。大花猫闻听此声，来不及吞吃小老鼠，慌忙转身逃走了。

等大花猫走远了，老鼠首领慢悠悠走出来，对着两只惊吓过度、依然不知所措的小老鼠说："我早就对你们说，多学一种语言有好处。现在明白了吧！"

这则笑话让我们在会心一笑的同时，看到老鼠首领具备的智慧。它的智慧是富有创意的，并体现出语言在创意过程中的地位。

语言是思维的表达，受制于思维的内容和形式。通俗地讲，一个人脑子里没想到的事，嘴上肯定说不出来；脑子里想到的事，如果用不同的语言表达，又会产生不同的效果。所以，语言是思维的物质外壳。语言与思维互为表里，语言是思维的外化，思维是语言的内化。

日本模糊工程学学者寺野寿郎说："语言在本质上是模糊的，语言表述物件与语言的关系是一种使无数的对象与有限语言数量相合而强行分类的结果。因此作为一般的语言，其意义内容和意义对象的范围不得不变得模糊。"在情感性事物面前，高精确度的语言描述、语言交流往往无能为力，而模糊性的自然语言却能做到这一点。

语言的模糊性决定它在创意当中具有重要的作用。宋代大文人苏东坡曾经写过一首著名的诗,堪称广告创意诗的鼻祖代表。当时,他被贬谪到海南岛儋县,一位做油馓子的老婆婆听说他很有名气,就请他为自己的产品宣传宣传。苏东坡品尝了老婆婆的油馓子后,即兴而作,写道:"纤手搓来玉色匀,碧油煎出嫩黄深。夜来春睡知轻重?压扁佳人缠臂金。"他透过优美形象的语言,用比喻的手法写出了馓子色鲜、酥脆、味美的特点。结果,听过此诗的人无不争相购买老婆婆的馓子,她的生意大为兴隆。

如今,社会进步促使各种新词汇不断产生,这既是思维对语言作用的表现,反过来也证明语言对思维的刺激之功。新词汇,会带来新的思维,也会产生新的创意。比如在广告创意中,语言文字就是广告传播最常用的手段之一。现在很多公司和媒体都喜欢使用同音词或者同义词来表达一种意思,还有不少喜欢使用语言反义词吸引别人的注意。有一家餐厅的名字叫做"真难吃美食城",很多人都觉得好奇,到底有多难吃呢?于是都去试试看,结果餐厅的生意还挺不错。

然而,创意中语言的运用并非完全依靠语法规则或某些修辞手段,相对来说,创意者的语言修养和灵感对创意语言的影响,更为重要。同样的商品,使用不同的广告语言,会有不同的效果。铁达时表的广告语:"不在乎天长地久,只在乎曾经拥有。"它诉诸人的情感,短短一句话包含了爱情真挚、坚定、永恒和爱情所赋予人们的幸福、快乐和忧伤。

可以说,创意语言没有规律可循,不过,渊博的知识、勤恳地思考,会让创意者更容易接近语言的最高境界。所以,研究语言,是创意领域不可缺少的一个环节。

"xy理论":x理论认为员工是不可靠的,不负责任的,以追逐金钱为目的;而与此相对的y理论则认为员工是负责任的成年人,希望对企业做出贡献。

——[美]道格拉斯·麦格雷戈

从计算机迷到世界首富
揭示创意能力形成的原理

在相对中庸的传统环境里，个性化浓厚的人很难被接受，甚至遭到排挤，这会为创意带来阻碍。相反，宽松的环境会为个性化发展创造条件，利于创意产生。

世界首富比尔·盖茨从少年时代就迷上计算机，被称作"计算机迷"。那时，他正在湖滨中学读书，与比他大3岁的保罗·艾伦成为最好的朋友。他们两人经常在学校的计算机上玩游戏。不过，当时的计算机比较简单，只是一台pdp8型的小型机。在玩游戏的过程中，比尔·盖茨发现可以在一些相连的终端上，透过纸带打字机玩游戏，也可以自己编一些小软件来进行游戏操作。于是他十分痴迷这件事情，乐此不疲，得心应手。很快，他成为学校中有名的计算机高手，老师们经常请他修理维护计算机。

一天下午，比尔·盖茨正在计算机上编小软件，保罗带着一本《电子学》进来对他说："有家新成立的公司，叫英特尔，他们推出了一种叫做8008的微处理器芯片。"比尔·盖茨很感兴趣，连忙拿过《电子学》仔细研究，认为这种芯片非常好，就急忙与保罗一起去购买。

不久，他们弄到了芯片，并组装出一台机器，可以分析城市交通监视器上的信息。这让两人大为激动，他们积极梦想着，准备成立一家公司。可是第二年，比尔考进了哈佛大学，这个梦想也只好作罢。

然而，比尔·盖茨的计算机梦并没有因此结束。读大学后，他依然经常与保罗会面，探讨计算机的事情。而此时的保罗，已是波士顿一家叫"甜井"的计算机公司的编程员。

1975年1月份的《大众电子学》杂志封面上刊登了altair8080型计算机的图片，就像苹果砸出牛顿的灵感一样，它一下子点燃了比尔·盖茨的计算机梦。他和他的好朋友保罗在哈佛阿肯计算机中心没日没夜地埋首了8周，为它配上basic语言，开辟了pc软件业的新路，奠定了软件标准化生产的基础。

39

如今，微软已成为业内的"帝国"，而这与比尔·盖茨小时候的"计算机梦"不无关系。

比尔·盖茨的创新源于梦想，这提出创意能力来源问题。创意能力具有综合独特性和结构优化性的特点，富有创意能力的人具有鲜明的个性色彩。

研究认为，创意能力形成的第一原理是遗传素质。遗传素质是形成人类创新能力的生理基础和必要的物质前提。它潜在决定着个体创意能力未来发展的类型、速度和水平。实践证明，任何一个创意能力强的人，个性都非常强烈；创意是反常规，是凸显个性，创意的实质就是把两件毫不相干的事情联系到一起。所以，创意能力最能体现一个人的身心素质。

任何一个创意能力强的人，都需要良好的环境才能充分施展自己的创造才能。这提出创意能力形成的第二原理——环境因素。在相对中庸的传统环境里，个性化浓厚的人很难被接受，甚至遭到排挤，这会为创意带来阻碍。相反，宽松的环境会为个性化发展创造条件，利于创意产生。管理大师彼得·杜拉克认为："谁想在组织中任用没有缺点的人，这个组织最多是一个平庸的组织。"

除此之外，创意能力形成的第三原理就是个人实践。实践是创意能力形成的基本途径，有一位印度雕刻师，雕刻的大象栩栩如生，浑然天成。很多人都很佩服他，询问他成功的原因，他告诉人们："只要把木头不像大象的部分拿掉，它就是一头大象了。"这位雕刻师透过不断地实践，获得了创新的能力，突破常人的想象，所以创造出了非凡的艺术品。

如果说上述几点是创意能力形成的外在因素，那么创意能力形成的内在因素是什么呢？答案就是创意思维。创意思维是一个人创意能力形成的关键所在。世界著名广告公司智威汤逊在招募人才时，曾经有这样一个考题：你怎样将一份吐司推销给外星人？结果很多年来，这个题目都没有很好的答案。直到有一天，有位前来应征的年轻人看了题目后，略加思索就在考卷上写了一大堆奇怪的、无人认识的符号。结果这份考卷被认为是最好的答案，因为推销的对象是外星人，用不着跟他讲地球语言！这个年轻人的思维非常灵活，他凭借着创造性思维获得成功，有了与众不同的答案，体现出自己的创意能力，进而得到梦寐以求的工作。

> 创意是思想的果实，但是只有在适当的管理彻底实行之后才有价值。
>
> ——[美]拿破仑·希尔

善用神偷的将军告诉我们人类的创造能力体系

人类的创造能力体系,指的是创造智慧能力和创造操作能力两部分,开发创造力的关键在于激发创造性思维。

子发是楚国名将,喜欢结交有一技之长的人,并把他们招揽到麾下。某天,有个其貌不扬,自称"神偷"的人前来求见,子发待他为上宾,并赐给他房宅。在子发麾下的文臣武将见此,大为不满,不愿与"神偷"为伍。

有一次,齐国进犯楚国,子发奉命率军迎敌。双方三次交战,可是楚军都无法攻下敌营。子发麾下很多智谋之士、勇悍之将,可他们在强大的齐军面前,一筹莫展,无计可施。战斗陷入胶着状态。

这时,神偷竟然自愿请战。不少人对他嗤之以鼻,认为他根本没有办法退兵。子发却很信任他,答应了他的请战。晚上,神偷在夜幕的掩护下,将齐军主帅的睡帐偷了回来。

子发很高兴,第二天,他派使者将睡帐送还给齐军主帅,并对主帅说:"我们出去打柴的士兵,无意中捡到了您的睡帐,特地赶来奉还。"

齐军主帅见到睡帐,大为震惊,赶紧加派重兵严加巡逻。没想到当天晚上,神偷又潜入齐营,顺利地将齐军主帅的枕头偷来了。隔日,子发再次派人送还。

第三天晚上,神偷再入齐营,将齐军主帅的头盔盗来了。子发照样依计派人送还。

这件事在齐军上下传开了,大家十分恐惧,主帅对幕僚们说:"如果再不撤退,恐怕子发要派人来取我的人头了。"于是齐军不战而退。

子发能清楚地了解属下的优点,善加利用,这是一种创造之举。神偷能够发挥自己的特长,解决问题,这也是创造行为。子发和神偷两人体现出人类创造能力体系的两个部分。

创造是人类特有的能力,是智力的最高形式,这种能力包含独特性和有价值性两个基本特征。黑菲伦(J. W. Haefele)等人认为,创造是提供对整个社会来说独特而有社会意义的活动,人具备了这种能力才能有创造能力。创造能力和模仿能力是相对的,创造能力是在模仿能力的基础上发展起来的。人们总是先模仿,然后创造,从模仿到创造。模仿可以说是创造的前提和基础,创造是模仿的发展,两者相互联系、相互渗透。

在创造能力中,创造思维和创造想象起着十分重要的作用。创造能力是创造性思维的综合表现。开发创造力的关键在于激发创造性思维。例如,橡皮擦流通了差不多一百年,到1558年,住在费城的海曼想到在铅笔顶端加上橡皮擦,使用起来更方便,于是带橡皮擦的铅笔问世。美国心理学家吉乐福特(J. P. Guilford)认为,分散思维表现于外部行为就代表个人的创造能力。实际上,人们在进行创造思维时,整个过程反复交织着分散思维和集中思维。创新思维的一般规律是:先发散而后集中,最后解决问题。

可见,人类的创造能力具有系统性,包括创造智能能力和创造操作能力两部分。

前者是创造能力的内在质量,包括超越常态的思考力、朝气蓬勃的进取力、创造新形象的想象力、概括问题的综合力、根据需要进行筛选的选择力,以及辩证地审视问题的批判力。

后者指的是创造能力的外在表现,这不是平时所说的学习、工作能力,而是指个人对自我解放的能力。在威斯敏斯特教堂英国圣公会主教的墓碑上写着:当我年轻自由的时候,我的想象力没有任何局限,我梦想改变整个世界。当我成熟渐渐明智的时候,我发现这个世界是不可能改变的,于是我将目光放得短浅了些,那就是只改变我的国家吧。但我的国家似乎也是不可改变的。当我到了迟暮之年,抱着一丝努力的希望,我决定只改变我的家庭,我的亲近人——但是,唉!他们根本不接受改变。现在在我临终之际,我才突然意识到:如果我只改变自己,接着我可以依次改变我的家人,然后在他们的激发和鼓励下,我也许就能改变我的国家,再接下来,谁又知道哪,也许我连整个世界都能改变。

在日常的思维活动中,人们自觉或不自觉地按照自己的观念、用自己的目光、站在自己的立场上去思考别人乃至整个世界,由此产生了自我中心的思维定势。只有解放自我,打破惯势,才能进行创造性思维。

> 谁占领了创意的制高点谁就能控制全球!主宰 21 世纪商业命脉的将是创意!创意!创意!除了创意还是创意!还是创意!
>
> ——[美]托夫勒

什么是创意?

揭开金人之谜的
创意多重视角

创意视角内容很多,大体可以分为 5 组:肯定视角和否定视角,往日视角和来日视角,自我视角和非我视角,求同视角和求异视角,有序视角和无序视角。

　　古时候,曾经有个小国的人到中国来,进贡了三个一模一样的小金人,金碧辉煌,把皇帝乐坏了。

　　就在皇帝和大臣们围着小金人赞不绝口的时候,小国的人提出一道题目:这三个金人哪个最有价值?皇帝和大臣们想了许多的办法,请来珠宝匠检查,称重量,看做工,都是一模一样的。怎么办?使者等着回去汇报。泱泱华夏大国,连这个小事都不懂,岂不惹人笑话?

　　最后,有人向皇帝推荐一位赋闲在家的老大臣。这位老臣听说后,很快想出了点子,拿着三根稻草来到大殿。皇帝看他只是拿着三根稻草,不无担心地问:"这可以吗?"

　　"没问题。"老大臣胸有成竹地回答。然后他将三根稻草分别插入三个金人的耳朵里,结果,第一个金人的稻草从另一边耳朵出来了,第二个金人的稻草从嘴巴里直接掉出来,而第三个金人,稻草进去后掉进了肚子,什么响动也没有。

　　老大臣转身对使者说:第三个金人最有价值!

　　使者默默无语,点头承认答案正确。

　　皇帝和其他大臣不解地询问原因,老大臣说:"老天给我们两只耳朵一个嘴巴,就是要我们多听少说。第三个金人将听到的话藏在心里,不言不语,这不说明它最珍贵吗?"

　　老大臣与他人不同的视角进行试验,得出准确答案。

　　还有一个故事说:从前印度有位富裕的农民,为了寻找埋藏宝石的土地,变卖了自己所有的家产,出外探险,然而一无所获,最终贫困而死。后来,人们在他变卖的土地里,却发现了世界上最珍贵的祖母绿宝石。

　　上面两个故事告诉我们,从不同角度观察问题,会得到截然不同的答案。这一点放在创意上讲,就是创意视角问题。打个比方,在你面前摆着四种物品:一本平装书、一瓶百事可乐、一条纯金项链、一台彩色电视机,让你从四种物品中找出两种"属于同一类"的物品,你会得到多种答案。比如可以将书和电视分在一起,理由是书和电视都是用来看的,可以传播信息的物品;也可以将书和可乐放在一起,喝着可乐读书很惬意。

在实践当中,人们将创意视角进行了分类。从创意的性质上,分为肯定视角和否定视角;从创意对象的时间上,分为过去视角和未来视角;从创意的主题,分为自我视角和他人视角;从创意方法比较来看,分为求同角度和求异角度;从创意操作过程看,又分为有秩序角度和无秩序角度。

下面我们一一分析不同视角的概念及其应用情况。

肯定视角,是从肯定的角度看待问题,那么每件事情不管成功与否,都包含着成功的因素在里面。否定视角与之相反,是指在胜利的时候也要冷静地看到事情的否定面。日本企业在这方面做得很好,他们有专职的视察员,所负责的工作就是指出公司的缺点和毛病。

过去视角,是从问题的过去观察思索,进而把握问题,更好地解决眼下问题;未来角度,则是从问题的未来考虑,预测它的发展方向和道路,进而得到解决当下问题的方法。

自我视角,是从自己的角度观察问题,不要盲目地顾忌其他;而他人角度要求创意者思维时,尽力摆脱个人的小天地,从外向内观察、思考问题,发现创意。

求同视角,是创意时尽量找到问题的相同点,以此作为突破口。如飞机高速飞行时机翼产生强烈振动,有人根据蜻蜓羽翅的减振结构设计了飞机的减振装置。求异角度则是发现问题的不同之处,作为创意的出发点,以求突破。日常所说的"出奇制胜",就是一种求异视角。有一种饮料叫做弹珠汽水,整个汽水瓶的最上面是一个弹珠堵住瓶口,顾客开启瓶子时不是把塞子拔出来,而是要把瓶口的弹珠压下去。

有秩序视角,是进行创意思索时,严格按照逻辑思维进行,实事求是地将问题论证,透过现象认识本质,进而保证创意顺利进行。基利(Jean-Claude Killy)是法国滑雪选手,获得过奥运金牌,不幸严重受伤,无法再像从前一样练习滑雪动作。可是他依然坚持参加比赛,只不过赛前他凭借想像,"预习"整个滑雪的过程,以此进行"练习"。无秩序视角是指创意思维时,尤其在初期阶段,尽量打破传统思维模式,无视那些法则、规律、常识等等,从混乱中激发想象空间,以求更好的创意效果。

> 一个伟大的创意就是一个好广告所要传达的东西;一个伟大的创意能改变大众文化;一个伟大的创意能转变我们的语言;一个伟大的创意能开创一项事业或挽救一家企业;一个伟大的创意能彻底改变世界。
>
> ——[美]乔治·路易斯

小河流跨越创意面前的三种阻力

在人生创意过程中,会遭遇来自四面八方的阻力,分别是过于自我、直线经验主义和逆变心理。过于自我的表现是对于自己已经认可的东西就认为是最好的,而对于新的东西则采取排斥的态度。直线经验主义则是沿着一条直线、一种经验去找创意。逆变心理就是抗拒改变的心理。

一条小河流从遥远的高山上流下,经过村庄与森林,最后来到了沙漠。它想:"我已经越过了重重的障碍,肯定能越过这片沙漠!"

可是当它决定越过沙漠的时候,发现河水渐渐消失在泥沙当中,试了一次又一次,总是徒劳无功。小河流灰心了,它觉得自己永远也到达不了传说中的大海。

这时,空气中传来一个低沉的声音:"如果微风可以跨越沙漠,那么河流也可以。"

"是谁?谁在说话?"小河流紧张地问。

"是我,我是沙漠。"低沉的声音继续说。

小河流并不服气,它说:"微风可以飞过沙漠,可是我却不行,我已经试过很多次了。"

"你可以,"沙漠说,"只要你放弃现在的样子,让自己蒸发到微风中,就可以随风而去。"

"蒸发到微风中?"小河流明白了,却一时无法接受,它说,"这不等于是自我毁灭了吗?"

沙漠说:"不是自我毁灭,是到达大海的唯一途径。"

最后,小河流鼓起勇气,投入微风张开的双臂,消失在微风之中,让微风带着它奔向生命中另一个归宿。

小河流勇于改变自我,进而跨越生命中的障碍,终于实现质的飞跃。在人生创意过程中,会遭遇来自四面八方的阻力,认识这些阻力,是实现创意的重要课题。

1. 过于自我。

很多人十分自负,对于自己已经认可的东西就认为是最好的,而对于新的东

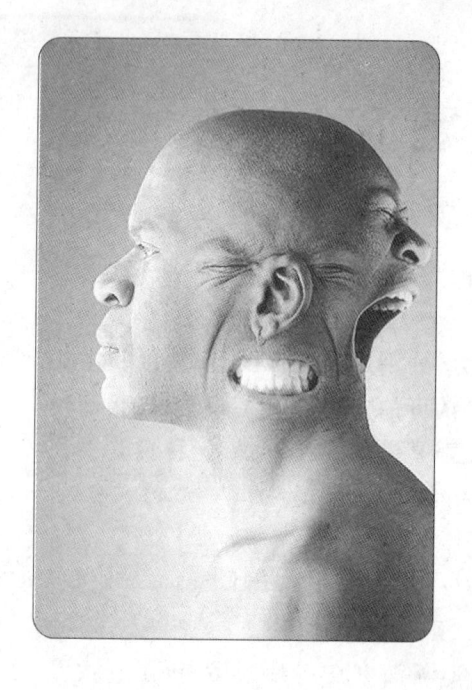

西则采取排斥的态度。常常怀着酸葡萄的心理，不从正面看待自己的优点，也不从正面分析自己的不足。苹果电脑刚刚发明成功的时候，美国德州仪器无线半导体领域的领先制造商却非常瞧不起它，称那根本不能叫做电脑，可是事实证明，苹果电脑迅速风靡全球。

2. 直线经验主义。

创意的发生，并非直线前进，而是迂回进步、不断变化的。寻找创意，不应该沿着一条直线、一种经验去找，应该记住：左右旁顾，方能海阔天空。彼得·圣吉讲过一句话："很多人，急急忙忙在人生的道路上，去解决所发生的困难和问题，但是偏偏忘记抬起头，去看看这一条道路到底是不是我该走的道路。"

3. 逆变心理。

逆变心理就是抗拒改变的心理。"树大好乘凉"，没有独立个性的人往往具有这种心理，他们一旦遇到困难，不是想办法解决，而是急急忙忙寻找"靠山"。这种人没有胆量，不敢接受新鲜事物，很难超越困境造成的麻烦。这种心理常常在企业经营发展过程中产生，比如小公司充满了活力和创意，一旦成为大公司之后，就开始拒绝承担风险，变得僵化、消极而不能正视市场的变化。美国1900年时的100强企业，到了1990年只剩下了16家，充分说明逆变心理在创意中的影响力。

创意是一份全职的工作，而且需要良好的工作习惯。

——［美］特怀拉·萨普

神父无法突破创意
面临的三种障碍

能否突破困境,需要毅力,是衡量一个人素质的表现,也是反映一个人能否创意成功的测量标准之一。创意就是跟自我心力争斗的过程,用一种坚忍的毅力突破心中脆弱底线的斗争。要想进行创意,进行大无畏的探索和追求强过瞻前顾后地左思右想。勇于接受改变,飞跃自我,是持续创意的保障。

在一个村落里有座小教堂,有位神父一直在此兢兢业业地工作。有一天,当地突降暴雨,洪水暴发,全村都被淹没了。神父所在的教堂不能幸免,他十分惊慌,跪在地上不停地祈祷,希求上帝前来救自己。

村里的人没有忘记神父,首先派人驾着舢板来救他。这时,教堂里的洪水已经淹到神父的膝盖了,他却不肯上舢板,他说:"你们先去救别人吧,上帝会来救我的。"说完,他继续祈祷不止。

不一会儿,又有人开着快艇来了,要神父赶紧离开这里。神父依然拒绝了,他说:"我要守住教堂,我要等候上帝前来救我。"

此时,洪水越来越大,把整个教堂淹没了。神父无处可躲,只好紧紧抓住教堂顶端的十字架,不敢松手。

一架直升飞机缓缓地飞过来,飞行员发现了神父,急忙丢下了绳梯,并大声喊道:"快上来,这是最后的机会了,所有人都撤离了,我们也要把你救出去!"

然而,神父没有伸出手去抓住绳梯,而是异常坚定地说:"上帝会救我的,他与我共生!我不会离开教堂。"说完,他又虔诚地祈祷起来。

最终,神父没有逃脱被淹死的厄运,他死后到了天堂,见到了上帝。神父十分生气,他不理解自己一生勤谨地侍奉上帝,上帝为何不去救自己,于是对上帝发出质问。上帝一脸茫然,他反问:"没有救你?我先后三次去救你,你都不肯接受,怎么会说我没有救你呢?"

"三次救我?"神父疑惑极了。

"对啊,"上帝说,"第一次派去舢板,你不要,我想你肯定觉得舢板危险,就派去了快艇,你还不要,就派去了直升机,可是你依然不愿离开那里。我想你一定是特别希望见到我,特别希望与我在一起,所以就满足了你的愿望。"

固执的神父深陷困境,不积极想办法摆脱灾难,而是墨守成规,让自己失去了存活的机会。这种固执在创意上来讲,正是三种阻力之一——逆变心理。能否突破困境,需要毅力,是衡量一个人素质的表现,也是反映一个人能否创意成功的测量标准之一。

美国著名文学大师说:"我们心里的一道墙,永远比外面的那一道墙,更难以打破。""心里的墙",指的是一个人错误的心理和认识误差,这是创意的巨大障碍。如何打破这些坚壁顽垒,是实现创意产生和创意过程的关键。

创意就是跟自我心力争斗的过程,用一种坚忍的毅力突破心中脆弱底线的斗争。有句话说得好:"害怕知道者,而不是不知者。"要想真正地了解自己,就既不要小看自己,也不要过于抬高自己。保罗·麦尔是 SMI 的创始人,SMI 是所规模很大的成功激励学院,谁能想到它的创始人从事第一份事业时的情形:最初保罗卖保险,可是他每每找到顾客,总是躲到墙角,静静倾听同事与顾客交流。这样一段时间后,公司决定炒他鱿鱼。保罗很难过,他决定改变自己的命运,毅然接受训练。两年后,他脱胎换骨,终于开创出一番崭新事业。

要想进行创意,进行大无畏的探索和追求强过瞻前顾后地左思右想。很多时候,我们都对女性成功者投以特殊的关注,这是因为她们义无反顾踏上了更高境地。玛格丽特·撒切尔夫人没有问过同行们,英国是否接受女首相;玛格丽特·米德不相信,一位 25 岁的年轻单身女子不能独自踏入新几内亚和萨摩亚岛丛林之中。结果,她们都做到了,在无比自信的同时,她们还拒绝了否认自我内在信仰体系的敌人。

勇于接受改变,飞跃自我,是持续创意的保障。有时候,一个成功创意产生后,形成一种依赖心理,不愿接受新的改变,也因此不再有新的创意。这不亚于将自己封闭起来,不与他人交流,看起来十分安全,实则形成"孤立无援"之势,怎么可能会有创意成功?飞跃自我,这是获得信息、支持、友情等等的途径,也是创意的开始。

总之,认识了创意的阻力,就要寻找突破它们的利器。心理学家罗拉·梅曾指出:出色的表现需要一定程度的焦虑,事实上焦虑强化了表现。不安全并非缺乏自信,有时候不安全会促发勇往直前的气势。从各个方面加以留意,比如勇于承认自己的不足,并改变不足;看到前方,也要想到后方,分清走过来的路线;遇到冲突后,花时间调整心态等等,都是突破阻力的好方法。

21世纪,资本的时代已经过去,创意的时代已经到来。

——[美]托夫勒

沙米尔为何拥有天才创意

人生是一种创意,每个人都有可能成为"创意大师"。要想获得天才创意,就必须培养创造力,不必一味按照通常的思维模式获得解答,尽可能开动脑筋,捕捉创意。

沙米尔是犹太商人,前些年他移民到澳大利亚。到了墨尔本,他选择经营自己的老本行——开了一家食品店。

沙米尔的商店对面已有一家食品店,是从意大利移民来的安东尼开的。看到有人与自己竞争市场,安东尼十分紧张。为了与沙米尔竞争,他苦思冥想,决定降低价格,用这个方法打击新来乍到的沙米尔。于是,他在自家商店门前立了一块木板,上面写着:"火腿,1磅只卖5毛钱。"

没想到,木板刚刚挂出去,沙米尔也在自家门前立了块木板,上面写着:"火腿,1磅4毛钱。"

安东尼见此,气不打一处来,心想,你敢这么卖,我比你卖的价格还要低!他立即将木板上的字改成:"火腿,1磅只卖3毛5分钱。"这样一来,价格已降到了成本以下。看来,他是不惜赔本,也要挤垮沙米尔。

可是,安东尼想不到的是,沙米尔毫不犹豫地把木板上的价钱改写成:"1磅只卖3毛钱。"

几天下来,安东尼有点撑不住了,他想,这小子赔钱卖东西,也让我跟着赔钱,真是该教训教训他了。一怒之下,他气冲冲地跑到沙米尔的店里,以经商老手的口气大吼道:"小子,有你这样卖火腿的吗?这样疯狂降价,知道会是什么后果吗?咱俩都得破产!"

"什么'咱俩'呀!"沙米尔报之一笑,"我看只有你会破产。我的食品店压根儿就没有什么火腿呀。木板上写的3毛钱1磅,连我都不知道指什么东西哩!"

沙米尔不愧为创意高手,想出如此精妙的点子,确实,这种天才创意在生活中太少见了,那么我们分析一下沙米尔是如何做到这一点的呢?

爱因斯坦说:"特殊问题就是不能用问题发生时的思考层次所能解决的问题。"若要解决难题,思考方式是非常重要的。

首先,人类需要了解自己的大脑。迈克尔·米哈尔科在《思考的玩具》一书中指出，人类有冬眠的特征。这种冬眠，在于对脑资源的开发和利用相当有限。研究发现，一般人对大脑的运用还不到5%。世间有无数种浪费的情形，最大的浪费莫过于头脑处于冬眠状态，发达的思维"停止运动"。人体内蕴藏着思想、情感、活力等种种"财富"，这些是创意的源泉。如果不能开动大脑，也就无法获得"财富"，无法解决问题。

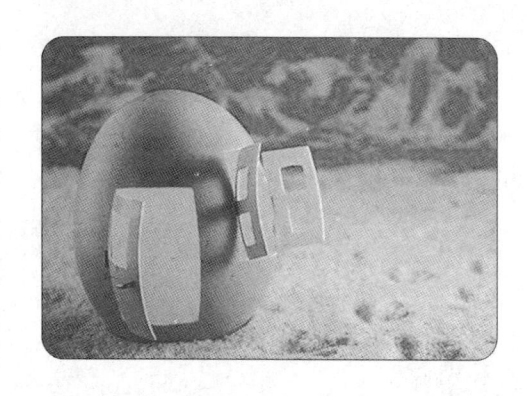

其次，开动大脑需要一定的方式。每个人都拥有相同的"财富"，可是并非每个人都能得到想要的东西。很多人思来想去、冥思苦想，也没有很好的点子；而有些人往往突发奇想，寻找到解决问题的最佳途径，这就是创意技巧问题。爱因斯坦创建相对论后，1930年德国出版了一本批判相对论的书《100位教授出面证明爱因斯坦错了》，爱因斯坦闻讯后，仅仅耸耸肩道："100位？干嘛要这么多人？只要能证明我真的错了，哪怕是一个人出面也足够了。"生活中，不少人在某件事上跟自己"过不去"，多半是因为他们将自己的问题放入一个早已不再适用的假设框架中，或者重复地用一种方法解决新问题，所以没有什么效果。

培养创意技巧，需要拓展思维模式，不要一味按照通常的思维模式获得解答，完全可以从创意的最终结果逆流向上，捕捉创意。著名的沃尔玛公司，其诞生的原因在于一个小小的"清除库存"想法；爱迪生从事发明的动力，竟然只是为了赚钱……数不清的创造故事告诉我们，天才创意来自于思维开拓。只要善用思维，学会从不同视角看待周围的问题，你就可以大开眼界，拥有更多机会，获得改变人生的资源和动力。

最后，提高创造能力，可以自我训练，从看清问题入手，哪里错了？哪里出问题了？打破沙锅问到底。进而锁定目标，知道自己想要的东西。这样，就有可能强迫自己产生更多想法，从中过滤，发现有用的。

> 创意有如原子裂变，每一盎司的创意都能带来无以数计的商业奇迹和商业效益。
> ——[美]比尔·盖茨

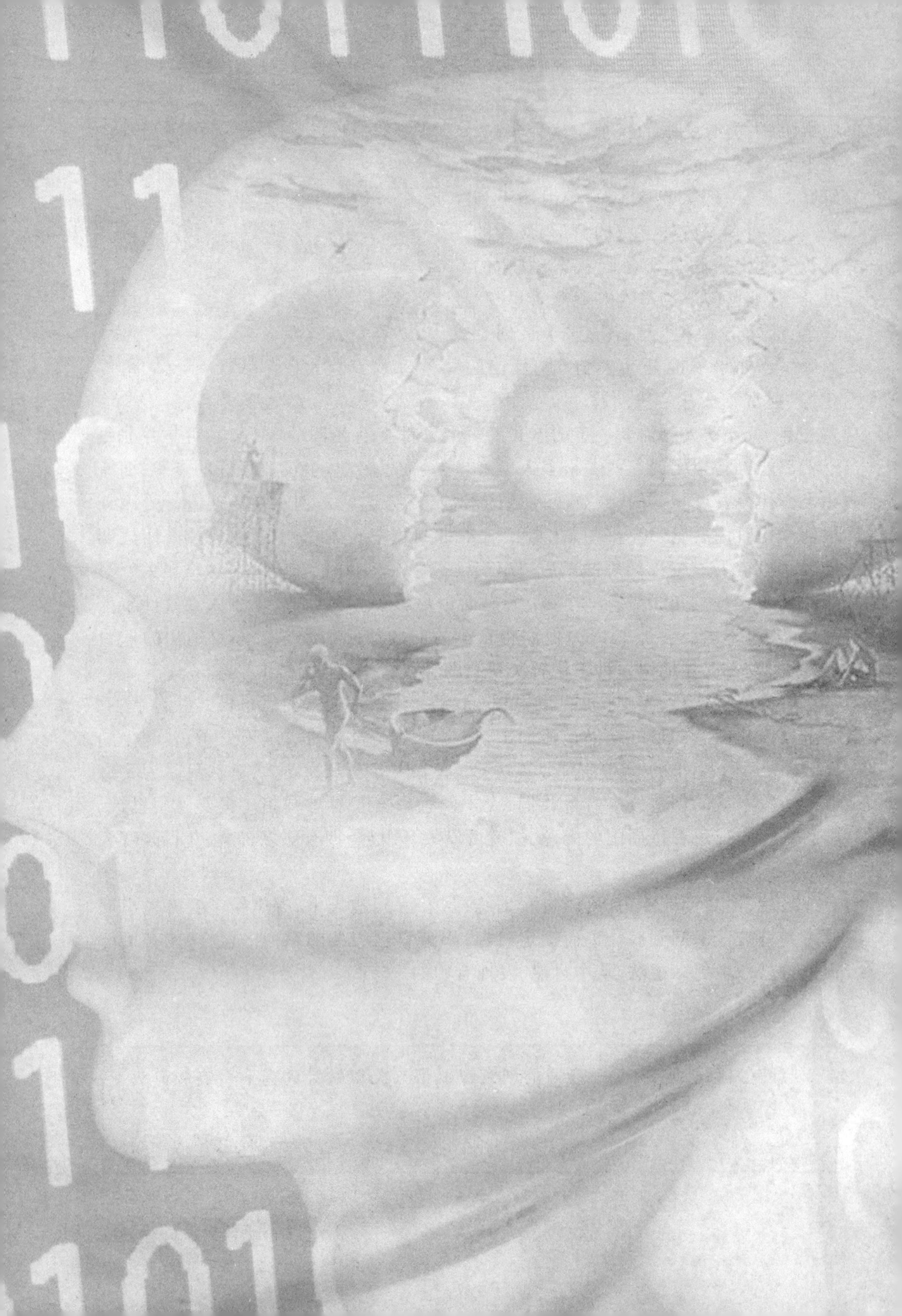

第二篇

创意的价值

爱迪生
永远将创意排在第一位

阿德里安·霍梅斯强调:"再神奇的计算机技术也只是一种手段、一项工具,对广告业而言,最重要的资源永远是人脑、是人的创造力。"

爱迪生从小就对很多事物感到好奇,而且喜欢亲自去试验一下,直到明白了其中的道理为止。长大以后,他根据自己的兴趣,一心一意做研究和发明的工作。他在新泽西州建立了一个实验室,在那里发明了电灯、电报机、留声机、电影机、磁力析矿机、压碎机等两千余种东西。他的发明创造精神,为人类做出了重大的贡献。

"浪费,最大的浪费莫过于浪费时间了。"爱迪生常对助手说,"人生太短暂了,要多想办法,用极少的时间办更多的事情。"

一天,爱迪生在实验室里工作,他递给助手一个没上灯口的空玻璃灯泡,说:"你量量灯泡的容量。"他又低头工作了。

过了好半天,他问:"容量多少?"他没听见回答,转头看见助手拿着软尺在测量灯泡的周长、斜度,并拿了测得的数字伏在桌上计算。他说:"时间,时间,怎么用了那么多的时间呢?"爱迪生走过来,拿起那个空灯泡,向里面斟满了水,交给助手,说:"里面的水倒在量杯里,立刻告诉我它的容量。"

助手立刻读出了数字。

爱迪生说:"这是多么容易的测量方法啊,既准确又节省时间,你怎么想不到呢?竟然还去算,那岂不是白白地浪费时间吗?"

助手的脸红了。

爱迪生喃喃地说:"人生太短暂了,太短暂了,要节省时间多做事情啊!"

爱迪生将毕生的精力都用在发明上。他未成名前是个穷工人,一次,他的老朋友在街上遇见他,关心地说:"看你身上这件大衣破得不像样,该换件新的了吧。"

"用得着吗?在纽约没人认识我。"爱迪生毫不在乎地回答。

几年过去了,爱迪生成了大发明家。

有一天,爱迪生又在纽约街头碰上了那个朋友。"哎呀",那位朋友惊叫起来,"你怎么还穿这件破大衣呀?这回,你无论如何要换一件新的了!"

"用得着吗?这儿已经人人都认识我了。"爱迪生仍然毫不在乎地回答。

爱迪生告诉我们,在人生中占第一位的永远是创意,正是这一点让他成为发明大王。如今,高科技的发展为生活、工作带来很多方便,可是创意依然占据着首要地位。世界著名广告网络集团罗威集团创作总监阿德里安·霍梅斯说:"是否有创意,无论任何时候都是决定一个广告优劣高下的最根本因素。"

不仅广告创意如此,所有创意都是无法取代,永远占据第一位。这是因为创意能够将"不可能"变为"可能",能够激发出新的生命火花,能够创造出全新的世界。贝多芬就是在失去听力之后,创作出生平最伟大的音乐作品。

创意不只是艺术家的专利,创意存在于每个人的心中。在这个世界上,每个人都可以透过不同的角度去解读人生和世界,这份解读就是与众不同的创意。当一个人的心中产生某种想法时,就是创意活动的开始。在德国一家工厂曾经发生过这样的事情:有一次,他们生产的一种纸严重化水,根本无法使用,通常处理这种情况的方法就是将这批纸打浆返工。可是有位工程师产生新的想法,他想既然化水原因是吸水性太强,能否专门用这种纸来吸水呢?在这种想法指导下,他进一步研究,竟然制成了专用吸水纸!

可见,创意在极大程度上改变着人类的生活,让人们不再单纯地为了吃穿而奔波,从这点上说,创意是一种积极的、乐观的生活态度,这种态度会激发人类不畏艰难、面向未来、充满信心、勇于创造。1941年,爱迪生的实验室被大火烧光了,他没有因此沮丧,反而喊来自己的妻子,高兴地说:"看,多大的火呀,它烧掉了我所有的失败纪录。老天将给我全新的实验结果。"14天后,留声机发明出来了。

创意带来的市场价值令人惊叹。有人统计过国际广告评选活动中获奖广告作品,发现无一例外都是以创意取胜。这再次证明,创意排在第一的位置。对此,阿德里安·霍梅斯强调："再神奇的计算机技术也只是一种手段、一项工具,对广告业而言,最重要的资源永远是人脑、是人的创造力。"当今,广告创意无奇不有,但要达到理想的市场效果还需要努力。

总之,创意涵盖了人类的一切积极思维,是一种智慧拓展,是一种文化底蕴,是对传统的叛逆。不管哪种创意,都是人类发展的动力,离开它,就没有进步,没有创新。

> 良好方法能使我们更好地发挥天赋的才能,而笨拙的方法则可能阻碍才能的发挥。
>
> ——[法]贝尔纳

创意改变卡耐基的人生之路

创造力强弱是考验人才的真正坐标。创造性与自我发展、自我实现、人格的完善有着如此密切的关系，创造性强的人会走向成功，他们具有的素养无与伦比。

卡耐基是20世纪著名的人际关系学家，被誉为"成人教育之父"。他透过演讲和著作唤起无数人的斗志，激励他们取得辉煌的成功。然而谁能想到，具有如此神奇能力的卡耐基，小时候却是个大家公认非常淘气的坏男孩，那么，在他成长的道路上，是什么改变了他的命运呢？

卡耐基小时候住在维吉尼亚州乡下，家境较为贫苦。他9岁的时候，生活中发生了一件大事——他的父亲把继母娶进家门。这天早晨，父亲领着继母第一次见到卡耐基，就向她这样介绍自己的儿子："亲爱的，你可要注意这个全镇最坏的男孩，这些年来他让我头疼死了，你要知道说不定明天早晨以前他就拿石头扔你，或者做出别的什么坏事，总之他让你防不胜防。"

听着父亲的介绍，小卡耐基心里十分愤怒，他等待着来自继母的嘲笑或者轻视。可是他错了，这位来自一个较为富裕家庭的继母微笑着走过来，温柔地抚摸着他的小脸蛋，回头对丈夫说："不，他不是坏男孩，更不是全镇最坏的男孩。我看出来了，他很聪明，只是没有找到倾注热忱的地方。"

继母的这番话说得小卡耐基心里一阵温暖，他觉得自己眼眶潮湿，泪水差点流下来。从此，他和继母之间建立了友好的关系。不仅如此，继母的这句神奇语言也改变了卡耐基的一生。在她之前，卡耐基从没有得到过表扬和肯定，所有人都认为他是个坏孩子，而继母的这句话无疑让卡耐基看到了光明，找到了前进的动力。

5年后，卡耐基的继母为他买了一部二手打字机，并对他说："我相信你有写作天赋，你一定会成为一位作家。"卡耐基接受了打字机，也接受了继母的建议，并开始向当地的一家报纸投稿。

在卡耐基与继母共同生活的日子里，他时时刻刻感受着来自继母的热忱，看

到她如何用热忱积极改善着他们的家庭。这不但给了卡耐基生活的保障,更带给他无穷动力,激发了他的想象力和创造力,使他日后创造了成功的28项黄金法则,帮助千千万万的人走上成功和致富的光明大道。

从顽皮少年到创造巨人,卡耐基的成长道路印证了一点:创造性与自我发展、自我实现、人格的完善有着密切的关系,一般来说,创造性强的人会走向成功,他们具有的素养无与伦比。

《哈利波特》(Harry Potter)系列小说的作者J·K·罗琳目前位居世界名人赚钱最快排行榜第9名,据美国的《福布斯》(Forbes)杂志统计,罗琳平均每分钟可收入77英镑。她是如何获得如此成就呢?要知道,她一度生活困窘,缺吃少穿,甚至严冬时都无钱取暖。然而,一部系列小说——《哈利波特》改变了她的命运,使她的人生发生了翻天覆地的变化。这就是创意带来的巨大影响,是创造性强的人才的突出表现。

创意能力,是人在各个领域,以不同的质和量的水平,产生新的东西(包括思想、观点和方法)的能力。创意能力不是某种单一的智慧,而是多种心理成分有机构成的统一体。完成创造性活动一般都是各种智能和个性特征共同作用的结果,在这一过程中,富有创意的人才一旦进入机遇之门,就不会退缩,他们饱含热情和活力,急于探求未知,品尝成功的喜悦。日本人将力量、财富和智慧形象地模拟成古代的宝剑、珍宝和魔镜。他们认为一个人要想成功,与学历、门第、种族、教育并无必然联系,而创造能力才是他傲视一切的资本。比如企业家要想成功,除了具备企业家的素质,还必须是一位创业家。打破常规、勇于开拓、灵活机智、精力充沛、我行我素、想象力丰富、自我激励、富于独创精神,这样的素养会让他魅力无限,吸引大批追随者,发挥感召能力。

富有创意的人才勇于实现自我。对他们而言,危机感和逆境会激发创新的内在动力。硅谷著名风险投资家维诺德·科斯拉某天晚上与google(谷歌)创始人之一拉里·佩奇聊天时感叹:"把危机浪费掉真是太可惜了。"科斯拉所指的危机是由汽车厂商对石油的过度依赖和随之而来的全球暖化引发的。他强调说:"能源界和汽车业许多年来一直缺乏创新精神,因为它们不曾面对真正的危机,缺乏求变的动力。"

冒险精神是创意的动力,喜欢冒险的人希望生活多姿多彩;他们目标明确,不为琐事纠缠;他们痴迷于自己的事业,被人称为疯子、狂人。被达尔文赞誉为"举世无双的观察家"的法国著名昆虫学家法布尔,为了观察雄榍蚕蛾"求婚"的过程,花了三年时间,当快要取得成果的时候,雌榍蚕蛾"新娘"却不巧被一只螳螂吞食了。法布尔毫不气馁,从头再来,又整整观察了三年,才取得结果。他的执著精神让人敬佩,所写的10卷巨著《昆虫记》,产生了极大的影响。不会放弃自己的追求,享受追求的过程,使创意人才变得更有生命力。

富有创意的人才善于抓住机会。企业家要在别人没有察觉的情况下,看到利益和机会,能在别人望而却步时去探索,走出一条创新之路。

创新,可以从需求的角度而不是从供给的角度给它下定义为:改变消费者从资源中获得的价值和满足。
——[美]彼得·杜拉克

关于寓言的寓言启示
创意思维价值

善于运用创意思维,往往意味着实践上的成功。这是由于透过创造性思维,不仅可以提示客观事物的本质和规律性,而且能在此基础上产生新颖的、独特的、有社会意义的思维成果,开拓人类知识的新领域。

有位先生,先后从两位朋友口中听到了同一件事。事情的经过是这样:一只蚂蚁正在墙壁上艰难地攀爬。由于墙壁过于光滑,蚂蚁爬到一半时就滚落下来。但这只蚂蚁没有放弃,而是再次挺身向上继续努力。就这样,它一而再、再而三地向上爬,先后跌落下来七次,依然攀爬不止。

第一位朋友为他讲完事情的经过后,对他说:"我望着小蚂蚁,不禁感慨万千,你想,一只小小的蚂蚁,竟有如此顽强的精神,真是百折不挠。我联想到自己刚刚遭遇的失败,忍不住对自己说:'我不能就此退缩,我要学习那只蚂蚁,振奋起来,勇敢地面对困难和各种失败。'"

第二位朋友讲述完蚂蚁的故事后,感慨地对他说:"当我看到蚂蚁七次跌落七次重新攀爬时,真的为它感到难过。你知道吗?这只小蚂蚁太可怜、太可悲了,因为它如果看看周围的环境,改变一下方位,从另一个角度往上爬就容易得多。这好比我们在生活中,有些人总是蛮干,不知道多看看,多想想,不会聪明地处理问题。我们可要从小蚂蚁身上学习经验教训啊!"

听了两位朋友的言论,这位先生十分困惑,他不明白同时观察一只蚂蚁,两位朋友为什么会得出完全不同的见解和判断,他们到底谁对谁错呢?为了解答心中疑惑,他前去请教一位智者。

没想到,智者听完他的话后,当即平静地回答:"两人都对。"

"怎么会都对呢?"这位先生更奇怪了,很明显,两位朋友对蚂蚁的评价一褒一贬,是对立的,不会同时成立,难道是智者不愿意做出判断,分辨是非?

智者看出他的疑虑,微笑起来,指着空中说:"太阳和月亮,一个在白天放射光芒,一个在夜晚倾洒光辉,两者相对相反,可是你说它们谁对谁错?"

这是一则"关于寓言的寓言",它告诉我们,很多时候,答案也许不重要,思维方法不同,答案就会完全迥异。这体现出创意思维的意义和价值。

生活实践告诉我们,善于运用创意思维的人,总是可以寻找到不同寻常的解决问题之法,进而获得成功。这种现象说明,创造性思维在提示客观事物的本质和规律性的同时,会产生一些新颖的、独特的、具有一定意义的思维成果,这是拓展知识领域的最佳途径。

创造性思维是创造成果产生的必要前提和条件,是个人推动社会前进的必要手段。特别是在知识经济时代,当今世界日行千里,变化莫测,每一天都会出现许许多多的新鲜事物。这些新事物的出现与人类的创造性活动有着紧密的关系。

人之可贵在于能创造性地思维,创造或创造性活动是人在主观观念的指导下以全新独特的方式付之艰苦辛劳的更新活动,并使之产生有一定社会价值和新颖的成果的活动。可以说创造性活动是一种刺激和微妙的活动。

创意思维的价值性,提高人们的研究兴趣。在日常生活中,有些人为了开发创意思维能力,提出很多训练手法,比如"脑筋急转弯"。有些学校或培训班,就把它当作训练思维的材料,认为可以提高创意思维能力。其实,科学研究证明脑筋急转弯与思维、创新、开动脑筋没有关系,不过是一种娱乐手段而已。还有人认为,在学习和生活中,人们自然可以掌握创意思维的方法,不需要特别培养。

针对人们完全不同的做法,不由让人想起一位学者的话:

擅长创意思维的人,总感到自己擅长创意思维;

缺乏创意思维的人,总感到自己缺乏创意思维。

当今社会,人们对于创意思维的理解和研究,还存在着很多不足,主要有两点:

1. 对创意的理解过于狭隘。

不知从何时起,人们对于创意的理解固定到了物质上。这也许是创意的实用性带来的后果。人们醉心于科技发明、技术革新,追求一枚螺丝钉具有多少种用途。这样一来,创意思维变得狭隘了,创意者成了工匠,创造学说成了图纸,人类对精神领域的创造视而不见,诸如观念的转变、理论的构想、文学的创造等,少有人关注，进而带来巨大损失，使创意难登科学殿堂。

2. 创造方法过于单一、琐碎。

创意思维表现为多种创造技法，如同其他技术一样，也有一定局限性。由于人们对创造能力的畏惧心理，很多人迷信已有的技法，墨守成规，反而阻碍了创造潜力发挥。所以，真正的创造应该摒弃旧有的一切，从零做起。

上述两点分析了创意思维的局限性，不管怎样，在创造性思维越来越受重视的今天，关于它的培养训练也必将更显重要。

不创新，就死亡。

——［美］艾柯卡

从"欢笑俱乐部"到创意的快乐归属

显而易见,在这个物质异常丰富的时代,笑声能够带来物质之外的更多东西,有助于人们增强和完善工作,并能进一步激发人们的创造性、生产效率和团队合作精神。

在印度帕拉博得汉综合体育场有家"欢笑俱乐部"。说起这家俱乐部的来历,颇有些趣味。

印度西北部的旁遮普有个小村庄,村子里生活着一对普通夫妇,他们没有受过什么教育,但是对子女们却寄予厚望,希望他们能够攻读大学,有所成就。而且他们特别希望自己的儿子卡塔瑞尔成为医生。

卡塔瑞尔聪明好学,果真实现了父母的愿望,上了医学院,并在毕业后成为一名内科医生。他一边为病人治病,一边开始参与编辑一本健康杂志《我的医生》。在这个过程中,善于观察思索的他发现一个现象:那些喜欢欢笑的病人,身体康复总是更快一些。很多时候,这些病人的病情更为严重,可是他们却比那些病情较轻,但是终日郁郁寡欢的病人好得更快。这一发现让卡塔瑞尔极感兴趣,他透过对多个病例的研究,撰写了一篇题为《欢笑:最好的药》的文章。文章发表后,吸引了很多人,不少人向他咨询这方面的问题。

一天凌晨,卡塔瑞尔从睡梦中醒来,脑海里依然萦绕着关于"欢笑"的问题,忽然间,他产生一个新奇的想法:"笑既然这么有用,为什么不创办一个欢笑俱乐部呢?给更多人带来健康。"

这让他兴奋不已,无法继续安睡。于是他匆匆起床,跑到附近公园,向正在晨练的人们征询意见。可是,当人们听到他说要建立一家"欢笑俱乐部",大家围在一起开怀大笑时,还是有不少人表示怀疑。那天早晨,只有四个人支持卡塔瑞尔,愿意与他一起在欢笑俱乐部里开怀大笑。

卡塔瑞尔与这四位新朋友开始了"欢笑"行动。他们每天轮流讲笑话,好让大家能够开心地大笑。一连十天,他们从不间断,欢笑不止,不过这时问题出现了:每个人的笑话都讲完了,没有了笑话,还能"欢笑"吗?

卡塔瑞尔陷入困惑,他开始认识到,自己创建俱乐部的目的是让大家"笑",而不一定必须透过笑话。可是怎么样做到这一点呢?他决定进行欢笑训练。为此,他想了很多办法,并与做瑜珈老师的妻子麦得惠多次探讨。终于,他找到了解决问题的方法。他认为,把瑜伽的呼吸训练和欢笑结合起来,可以创建欢笑瑜伽。

从此,一场真正的"欢笑运动"诞生了。卡塔瑞尔带领他的会员们每天一大早就开始训练活动。这项训练包括两部分,首先大家进行"合十礼欢笑",将手掌合在一起,以传统的印度礼节方式虔诚地放声大笑;接着,他们进行"正确的笑声"训练,由卡塔瑞尔带头,他一边绕圈走着,一边重复地大声说:"我不知道我为什么笑。呵呵,哈哈哈……呵呵,哈哈哈。"其他人跟着他做。他们一边拍手,一边齐声大喊大笑,这样一遍遍重复着。

卡塔瑞尔说:"在欢笑俱乐部,让我们发笑的并不是身体之外的东西,而是我们的内心。"

对于卡塔瑞尔来说,"如果你正在欢笑,你就不能思考。"他创办的"欢笑俱乐部"将四种有益于身心健康的元素——瑜伽、欢笑、有氧运动和社会关系——结合起来,进而创意无限。

科学研究发现,欢笑有很多功效,它能减少压力荷尔蒙的产生,促进免疫系统功能,进而释放人们的情绪,具有增氧健身的作用。不仅如此,欢笑还具有社会功能。很多事实表明,喜欢开怀大笑的人人际关系良好。笑声是一种非语言的交流方式,它能传递人们的情感,是对健康有益的事物。

笑声会减轻人们的压力,使人更具有创造性,生产效率更高。这一点引起很多公司注意,像格兰素(Glaxo)、沃尔沃(Volvo),他们不仅认识到这一点,还身体力行地组织了欢笑俱乐部,来开发员工们的创意潜能。

显而易见,在这个物质异常丰富的时代,笑声能够带来物质之外的更多东西,有助于人们增强和完善工作,并能进一步激发人们的创造性、生产效率和团队合作精神。

很多人将创意看得很高,把它当作一个金点子、一个好主意,是不可高攀的智力活动。特别是在专业领域,有些人甚至望而生畏,认为创意是灵感的凸显和智慧的超常发挥,是不可控的。

　　其实,创意并非如此遥不可及,实际上,创意就是一种快乐的游戏。漫画家曼科夫说:"大多数卡通或者有趣的创意都很怪诞。"日本发行了一款名为"右脑天堂"的游戏,它可能是历史上"最能刺激开发大脑"的移动游戏。这是创意来自游戏,游戏又能激发创意的典型案例。

由量而产生的质——创意,愈多,解决问题的可能性愈能增加。
——[美]亚历克斯·奥斯本

高价购买死马的创意
聪明还是不聪明？

我们生活中大部分的创意并不是"发明"，而是"有效的模仿"、"改良性的主意"或者"拼凑式的创造"，这一类不聪明的创意有时候可以透过读书、研究而得到预期的结果。

燕昭王为了富国强兵，一心招揽人才。可是大家认为他不过是好大喜功，不是真的求贤若渴，前来应征者寥寥无几。燕昭王寻觅不到治国安邦的英才，十分苦闷。有一次，他见到一位叫郭隗的人，向他谈起此事，并询问原因。

郭隗听了燕昭王的话，想了想，给他讲起故事来：

有一位国君愿意出千两黄金买千里马，然而过了三年时间，始终没有买到，又过了三年，好不容易发现了一匹千里马，当国君派大臣带着千两黄金去购买千里马的时候，马已经死了。

派去的大臣是个头脑聪明的人，他当下用五百两黄金买下那匹死去的千里马，并带回来交给国君。

国君见到死马，很生气地说："我要的是活马，你怎么花这么多钱买一匹死马回来呢？！"

大臣不慌不忙地回答："陛下，您舍得花五百两黄金买死马，更何况活马呢？这件事肯定会引起天下人议论，也会让天下人都知道，陛下您真的喜欢千里马。这样一来，会有很多人为您推荐千里马，到时候，您就不愁没有真正的千里宝马了。"

果然，没过几天，就有人送来了三匹千里马。

故事讲完，郭隗语重心长地对燕昭王说："陛下，您要招揽人才，不妨从招纳我郭隗开始，像我这种才疏学浅的人都能被国君重用，那些比我本事大的人，必然会闻风而至，千里迢迢赶来为您效命。"

燕昭王觉得有道理，采纳了郭隗的建议，拜郭隗为师。各国有才能的人闻听此事，果然蜂拥而至，竟引发了"士争凑燕"的局面。弱小的燕国一下子人才济济，不多久，便从内乱外祸、满目疮痍的国家发展成富裕兴旺的强国。

燕昭王从郭隗讲的故事中得到启发，效仿高价购买死马的国君，终于招揽到了天下英才，这件事情让人联想到聪明和不聪明的创意分类。前面说过，聪明的创意是天生的、独创的、毫无轨迹可循的，它不会透过训练就能获得，比如科学发明发现；不聪明的创意是后天获得的，可以透过训练培养出来的，比如产品的组合与分割、产品的改良、产品的新用途、产品的定位等。聪明的创意自然价值无限，具有不可比拟的影响力。可是，在实践当中，大多数创意都属于后者，是不聪明的，都是在他人或者他物的影响下才产生，这类创意照样很了不起。比如日本人把别人发明的汽车缩小了，把汽车的空间变小，因此更省油。日本精神是两个字——改良，这就是日本今天科技进步的精髓。

1986年3月日本华歌尔公司推出的镍钛合金圈胸罩就是一个典型案例。当时，市面上都是不锈钢圈胸罩，可是这种胸罩存在不少缺点，针对此，华歌尔公司用镍钛合金取代不锈钢圈，推出了镍钛合金圈胸罩。镍钛合金是一种形状记忆合金，改善了不锈钢的缺点，上市后受到女性的欢迎。当年卖出了80万件，成为年度全日本最畅销的产品之一。

镍钛合金圈胸罩不过是对钢圈胸罩的改良,而非发明,却取得如此成功,很好地说明了不聪明创意具有的价值。管理大师彼得·杜拉克说:"创造性模仿者并没发明产品,他只是将始创产品变得更完美。或许使始创产品又具备一些额外的功能,或许始创产品的市场区隔欠妥,之后进行调整以满足另一市场。"在经济社会,产品改良的创意屡见不鲜。改良就是把旧产品缩小放大、改变形状或改变功能,所有的产品,除了第一代是新发明外,以后都是经由"改良"逐步完成的。

所有的创意,都可能是下一步创意的开始。静电复印机是美国发明家卡尔森于20世纪40年代发明的。开始,他的"人工复写"试验多次遭到失败,后来他检索专利文献,发现已有人研究过,大都采用化学原理,他决定不走他人的老路,而是改用把化学原理置换成光电效应原理的研究,把光电效应与静电学原理结合起来,选准了切入点,终于获得成功。

> 发明在这里是一件建设性的事,它并不产生什么本质上新颖的东西,而是创造了一种思维方法,以这种方法得到了逻辑上连贯的体系,真正有价值的因素是直觉!
>
> ——爱因斯坦

阿基米德捅破高科技窗户纸

有位总裁说:"其实高技术就是一层窗户纸,捅破了之后跟种萝卜大白菜没什么两样!"再聪明的创意,如果不去发现和应用,也不会为自己带来什么财富!

  关于阿基米德,有一个故事流传很广。这就是他接受赫农王交代的一项任务,检验金王冠里是否掺进了银子。

  当时,赫农王手下有名能工巧匠,擅长制作各种金器。赫农王就交给他一定数量的金子,让他为自己打制了一顶纯金王冠。王冠做好后,赫农王听人举报,说金匠在里面掺进了银子。为了验证此事,他让人称量王冠,结果重量与当初交给金匠的纯金一样。怎么样才能既不破坏王冠,又能检验真假呢?

  赫农王和大臣们无计可施,只好招来阿基米德,让他想办法解决问题。

  阿基米德接受任务后,也是百思不得其解。他想出很多办法,却都失败了,为此他昼思夜想,寝食难安,搞得十分疲惫。这天,他去澡堂洗澡,一边坐进澡盆,一边注视着水往外溢,同时感到身体被轻轻托起。刹那间,他忽然有了灵感,跳出澡盆,连衣服都顾不得穿就直向王宫奔去,一路大声喊着"尤里卡、尤里卡"。"尤里卡"的意思是"我知道了"。

  原来,阿基米德从澡盆中溢出水一事联想到了检验金王冠的方法。他把金王冠和同等重量的金子分别放入水中,透过观察排出水量的多少,确定了金王冠的真假。后来,阿基米德在这件事的基础上发现了浮力定律,该定律又被命名为阿基米德定律。

  除了发现浮力定律,阿基米德一生还有很多贡献。他不仅是个理论家,也是个实践家,注重将自己的科学理论用于实践,有一个故事讲述了他说服赫农王相信杠杆原理的经过。

  赫农王为埃及国王制造了一条大船,体积巨大,相当重,以致无法挪动,搁浅在海岸上。当时,阿基米德恰好潜心研究并发现了杠杆原理,他说:"给我一个支点,我就能移动地球。"

赫农王对此半信半疑,对他说:"你只有将那些理论变成活生生的例子,才能够使人信服。移动地球恐怕不可能了,这样吧,你只要帮我拖动海岸上的那条大船,我就相信你的理论。"

阿基米德满口答应,很快设计了一套复杂的杠杆滑轮系统。这天,他请赫农王来到海岸边,交给他一根绳索头,对他说:"陛下,您轻轻拉动绳索,大船就会移动。"

赫农王接过连着大船的绳索头,轻轻一拽,果然,大船慢慢地挪动了,最后竟然下到海里。这一奇观震惊了所有人,赫农王惊喜不已,连连称赞阿基米德。后来,他还命人贴出告示,上面写着:"今后,无论阿基米德说什么,都要相信他。"

阿基米德善于将科学理论运用到实践中,体现出创意的价值所在。对于人类来讲,能够主动地认识我们生活的自然环境并加以改造,进而有所创造发明,这是本质特征。比如远古时代,正是有了打制石器、人工取火,才开始了人类物质文明和社会生活的历史。所以,劳动手段和工艺是创造的结果,是人类不断认识外部世界的力量。没有石器的磨制、冶铜炼铁,没有制陶晒砖、养蚕织丝这些创意发明,就不会有社会的进步。

在高科技日新月异的今天,如何透过科技获得更多价值,已是很多人和企业日思夜想的问题。有位总裁说过一句话:"其实高技术就是一层窗户纸,捅破了之后跟种萝卜大白菜没什么两样!"捅破这层窗户纸,需要的就是创意。

事实很明显,离开创意应用,再高端的科技也不会带来什么财富。知名摄影师理查德·埃弗顿(Richard Avedon)说:"我在拍摄前必定会做好万全的准备与计划,先决定好自己要使用哪一种相机、底片、脚架、背景,而且一定会事先与拍摄的对象会面讨论。不过,所有的计划也就到此为止,进入摄影棚之后,一切就交给创意与直觉。"

从这位摄影师的经验来看，对于一项事业而言，科技工具好比建造房子时搭建的架子，是非常重要的辅助工具，属于工作的准备程序。可是它们并非工作的核心，只有不断运用创意，才能将抽象的想法转化为实际的行动。也就是说，创意不是来自于高新科技，而是捅破高新科技这层窗户纸的利器。微软、英特尔、可口可乐，无不以拥有的技术为世人崇拜，也以高科技笼罩在神秘的光环中，他们如何得到这一切，无不是创意的结果。

创意是智力的潜力挖掘与判断过程，也是需要去实现既定的目标与作品的过程，比如在现代企业管理中，创意的工作目的是 CF（commercial film），对创意的管理过程应该遵循理解策略、寻找路径、激荡深入、提炼成型的过程。

宝洁公司，美国最传统的公司之一，就是这方面的一个典范。过去，他们一直采取封闭式创新过程，不与外界交流，可是最近十年，他们的创新模式发生了改变，他们开始与研究机构、大学、供货商以及顾客广泛合作，结果他们从来自外部的创意中开发出的新产品比例大为提高。这一提高创新水平的做法，使他们的销售额从 2001 年到 2006 年间，以 6% 的速度持续增长。

宝洁公司的经验说明，理解是第一步，在这个工作过程里，避免深入，尝试广度，会尽可能获取更多数据；然后寻找合适的路径，锁定主题、创意方法以及执行元素；最后，透过集中分散各种意见，提炼成型。这样一来，创意就能够透过管理达到"捅破高科技窗户纸"的效果了。

> 创新应当是企业家的主要特征，企业家不是投机商，也不是只知道赚钱、存钱的守财奴，而应该是一个大胆创新勇于冒险，善于开拓的创造型人才。
>
> ——熊彼得

都市里的攀岩创意
将利润最大化

一般来说，经营创意以市场调研为基础。只有详细而周密的市场调研，企业才能更精确地认清市场状况，进而制订出适合本企业具体情况的核心策略。

　　日本太阳工业公司以生产销售帐篷闻名全国，是业内最大的厂商。由于销量增加，公司准备在东京建造一座新的销售大厦。这个计划提出后，公司的董事长能村先生立即意识到：东京地皮昂贵，要想建造一座大厦，肯定要投入巨额资金。而且维持一座销售大厦的经营，也会开支不凡。

　　为此，能村先生左思右想，迟迟不肯下决心建造大厦，总想着能够寻找到一个新方法：既可以满足销售所需，又能节约开支。万事就怕有心人，很快，他从身边越来越多的年轻人喜欢攀岩运动中受到启发，他想，将大厦的外部建成悬崖模样，一定会满足年轻人的爱好。这样就可以透过攀岩运动支付建造大厦的高额费用了。

　　这一想法让他十分激动，他急忙召集有关专家研讨论证。最终，他们建造了一座十层高的销售大厦，将外墙修建成了花草树木茂密、怪石嶙峋、峭壁突兀、意趣盎然的悬崖绝壁，作为攀岩运动的练习场地。

　　都市悬崖推出后，立即引起轰动效应，前来一试身手的年轻人络绎不绝。一般大众对此也很感兴趣，他们纷纷赶来一睹从前在深山峻岭才能看到的风景，每日来此观光的市民不计其数。

　　能村先生的计划实现了。能干的他抓住时机，在大厦隔壁开办了专营登山用品的商店。结果，该店生意火爆，一举占据了登山用品市场的榜首地位。

　　"都市悬崖"带来巨额利润，很好地体现了创意在经营当中的作用和意义。在竞争日愈激烈的现代企业中，创意对经营的发展起着决定性的作用，它是企业在经营发展中众多策略的"纲"，有了创意这个纲，企业的整体策略便有了重心。成功的策略就是以"纲"为主的整合营销。高盛（Goldman Sachs）公司的首席"学习官"理查德·莱昂斯认为创意是"创造价值的新想法"。

　　创意来自于生活，来自于创意者对生活不同角度的细微观察。成功的创意者善于发现异常,善于从不同的角度、观点来观察和发现。日本女生保养品最贵的面膜之一叫做SKⅡ。SKⅡ来自于日本的一种传统技术,有人在酿酒的时候发现酿酒的那些女性,即使是老太婆,脸上的皮肤都非常光滑。原来她们在酿酒的时候,经常把酒糟抹在脸上,所以皮肤变得很光滑。SKⅡ的制造者就把酿酒剩下不要的酒糟带回去研究,生产出面膜,再以很高的价格出售。

不同思维的人,有着不同的观点和人生。俗话说"三个臭皮匠,胜过一个诸葛亮",听取不同意见,会产生思维碰撞,产生不同的点子。这对于发现创意起着很大的推动作用。

在经营中,创意活动要找准卖点、市场切入点,以迎合市场及消费者,进而选准创意核心。一般来说,经营创意以市场调研为基础。只有详细而周密的市场调研,企业才能更精确地认清市场状况,进而制订出适合本企业具体情况的核心策略。有了详细的市场调查后,还要进行科学而有效的分析,只有善于从资料中发现问题,从细微处洞察市场走向,才能充分发挥市场调查的重要性。最后,及时实施是保证核心创意更贴近市场、走向成功必不可少的保障。有一个猫与老鼠的故事说明了这个问题。老鼠怕猫是古而有之的事。老鼠们深深担心被猫吃掉,大家一起开会时便商量怎么样才能不被猫发现?于是有老鼠提议给猫挂个铃铛,大家都说是个好主意。可是,这个铃铛由谁来挂呢?由此可见,当理论无法实现时,再好的创意也不过是废纸一堆。

> 人一旦失去自信,独创力便将窒碍不前,因此要经常奖励他人所提出来的创意。不管提出来的创意是否有价值,光是提出创意的那份勇气,便值得赞扬。
> ——[美]亚历克斯·奥斯本

31个空药盒带来的经济效益

不是每个点子都会成为钞票,要想让创意为效益服务,就要注意以下几点:清楚各项资源情况,提高边际效益,从顾客需求入手,做好财务规划。

日本千叶县有一家石井药房,老板十分喜欢想点子创造效益。他注意到,作为药店来说,要想招揽回头客不容易。因为人们生病了才会想到上药店去买药,病好了也就自然地把药店忘了。怎么样能够招揽到回头客呢?他想出一个主意。

他命人在办公室的墙壁上钉了31个空药盒,每一个盒子上都标上了日期。石井药房的工作人员根据每天来药店买药的顾客留下的病历卡,获得了每一个顾客的生日。因为病历卡上都写有患者的出生年月日。然后,工作人员按月、日顺序详细整理、记录下来,并为每一个顾客都准备了一张贺卡,在上面写着:"您的健康是我们最大的心愿。如果你完全康复了,请告诉我们一声;如果您不幸仍需要用药,也请告诉我们一声,我们将竭诚为您服务。"如此充满温情与亲切问候语的贺卡,分别按当月不同的日期投入办公室墙壁上的31个相对的空药盒内,然后按日期在顾客生日的前一天寄出。

如此一来,顾客就会在生日的当天收到一张让人感动的贺卡。当然,他们收到的不仅是感动和关怀,还会很满意地记住这家药店的大名——石井药房。这样,如果他们还没有痊愈,或者下次生病时,自然而然就会记起它,并把它作为首选的药房。这种宣传效果非常好,一下子提高了药房的经济效益。

石井药房的经营策划非常高妙,这一策划的核心自然是创意。创意带来了经济效益,这是创意最常见的价值表现形式之一。

创意是经济发展的一个驱动器,如果说我们能在创意上投资,也就是我们在经济发展上做了投资,到底怎么样让创意带来经济效益呢?答案是将创意思想和商业思维相联系。

对于一个人来说,他能够成为人才、奇才、天才,是因为他具有创造力;对一家企业来说,创意策划、创造性思维是一切创造活动的直接动力和源泉。有想法、有创意、有点子的人很多,但真正实现经济效益的人却很少。不是每个点子都会成为钞票,要想让创意为效益服务,就要注意以下几点:

1. 清楚各项资源情况。

资源指的是能力、资金、人脉、技术等。如果资源具独占性,则可以提升成功率。因此,逐一检视各个具有发展潜力的机会点,推论满足机会所必须拥有的各项能力,进而筛选脑海中所浮现的创意。这可以帮助寻找到最适合的创意,有利于创意发挥最大用处。

2. 提高边际效益。

边际效益包括两方面内容,一是销售道路,一是经营团队。选择销售道路,除了考虑商圈与顾客特性之外,还要考虑到公司策略的需求。良好的经营团队是促使事业成功重要的因素,好的经营团队可以增加公司成功的几率。

3. 从顾客需求入手。

顾客是创意价值的实践者,深入了解目标顾客需要的价值,并且严守对顾客的承诺,透过产品或服务,来创造顾客想要的价值。

4. 做好财务规划。

财务是公司经营的血液,一旦财务不畅,公司就会陷入瘫痪。所以,财务管理是实现创意的必要保障。必须做好财务管理的妥善规划,尽量减低发生财务危机的几率,确保公司可以正常营运,并产生利润。

现在世界已处于全球性的经济、科技大战之中,大战的制高点就是"创意"——看谁在高技术、高创新领域有"制创权"、有开创权、是带头羊。谁拥有更多的"知识产权",谁在国际上说话就有分量。因此现在全球大战其实就是一场创意争霸"战"!

——陈放

哥伦布透过竖鸡蛋
告诉人们创意的核心价值

管理就像一座漂浮在大海里的冰山,露出水面的部分占 1/3,隐在水中的部分占 2/3。在水中的部分,属于无形的东西,其中创意又是它的核心内容。一般来讲,越有价值的东西,在全局中所占的物质分量越少。

哥伦布发现了新大陆,回到西班牙后,受到空前欢迎和追捧,人们视他为英雄。西班牙国王和王后也十分推崇他,封他为海军上将,并常常邀请他到王宫赴宴。

有一次,哥伦布再次受邀参加一个大型宴会。会场上聚集了来自各国的贵族豪门,他们觥筹交错间,看到了姗姗来迟的哥伦布。有人不免皱起眉头,低声说:"哼,瞧他那样子,有什么了不起。""对啊。"其他人附和着,"不就是发现了一块陆地吗?谁坐船出海,都会到达那里的。这是上帝的创造,发现又算得了什么!"

有些贵族早就嫉妒哥伦布的荣耀,十分瞧不起他。现在听到有人议论,不由煽风点火,推波助澜,议论和嘲笑声充斥了整个会场。

这时,有些支持哥伦布的人担心地注视着他,心中为他难过。可是哥伦布没有争辩,也没有退缩,他沉默地听他们说着,忽然从一个餐盘里拿起个鸡蛋,站在会场中心说:"女士们,先生们,请问谁能把这个鸡蛋竖起来?"

听他这么一问,大家都很好奇,纷纷停下议论,拿过鸡蛋进行试验。第一个人拿起鸡蛋,小心翼翼地扶正了,可是他一松手,鸡蛋立刻歪倒了。他几次努力,都没有成功,只好把鸡蛋交给下一个人。然而,下一个人也没有竖起来,这样你传给我,我传给他,几乎所有人都试遍了,却都没有成功。最后,鸡蛋又回到哥伦布的手上。

会场内静悄悄的,所有人都将目光聚集在哥伦布手里的鸡蛋上,等待着看他如何将鸡蛋竖起来。

哥伦布一直微笑着,他将鸡蛋的一头轻轻地一敲,蛋壳破了一点,然后让这破了的一头朝下,鸡蛋稳稳竖立在桌子上。

见此场景,那些瞧不起哥伦布的人一片喧哗,他们大声叫嚷着:"这算什么?谁不会啊,将鸡蛋敲破了,它自然能够竖起来。"

哥伦布不慌不忙地说:"是啊,这是没什么,是很简单,谁都可以做到。可是,你们刚才为什么谁都没有想到,谁都没有成功呢?"

那些人听了这话,顿时哑口无言,从此再也不敢小看哥伦布了。

人们往往只看到事情的表面,而不去深入探究问题的根源,哥伦布透过竖鸡蛋告诉人们,创意是成功的关键因素,这一点无可否认。对于企业来说,创意的核心价值也是不容置疑的。

在企业中,管理是非常关键的因素,它就像浮在大海里的冰山,虽然露出水面的不多,但是深藏海底的部分却是根基,会主宰一个企业的命运。在这个深藏不露的成分中,创意起着核心作用。只有持续不断地创意,才可能激发潜在需求,进行创新突破。放眼在世界保持领先地位的企业,他们无一例外都是创意高手,透过创意获得成功。

众所周知,可口可乐配方是业界最大的秘密,无数人梦想着解开这个配方的秘密。可是无一人成功。时至今日,可口可乐配方依然安全地躺在公司的保险柜里。对于一种饮料来讲,可口可乐与其他饮料的绝大部分一样,也是水。然而,只占不到1%的配料却成为竞争的关键。上百年来,可口可乐正是靠它保持着饮料界的领先地位。如今,可口可乐早已不是一种简单的产品,它包含着厚重的文化内涵。

一般来讲,越有价值的东西,在全局中所占的物质分量越少。在现代经济时代,一个企业的市场地位、品牌效应,已不再取决于资金的多少、科技的高低,而是取决于各种资源的利用效率,取决于它的创意能力。持续的企业创意,就像一个"点子库"、"创意库",一旦拥有它,企业就可以进行多方位资源整合,最大程度地降低成本,获取利润。所以说,在一个企业中,创意能否作为核心内容得到发挥,是衡量企业水平的标准之一。

一个广告如果没有创意就不成其为广告,只有创意,才赋予广告以精神和生命力。

——[美]威廉·伯恩巴克

基辛格最有效的
创意含金量

讨论创意的价值，一般可以从 3 个方面加以观察：独创性、影响力、持久性和灵活性。

  基辛格堪称20世纪的谈判大师，尤其擅长双边谈判。有一则政治幽默故事表现了他出神入化的谈判技巧与调和各方关系的能力。这则故事内容如下：

  有一次，基辛格遇到一位贫穷的农民，为了试试自己的折中之术，他主动提议为他的儿子做媒。老农不明就里，连忙表示自己不干涉儿子的婚事。

  基辛格并不多言，只是简短地提醒他："那位姑娘可是欧洲最有名望的银行家的女儿……"话音未落，老农就改变了主意，他表示同意基辛格的主张。

  说服老农后，基辛格去拜见银行家，对他说自己为他物色了一位好女婿。银行家很诧异，推辞说女儿太年轻了，还没有考虑婚事。

  基辛格不紧不慢地说："可是那位年轻人是世界银行的副行长。"

  银行家吃惊之余，也默认了基辛格的提议。

  于是，基辛格来到世界银行行长的办公室，向他推荐一位副行长。世界银行行长摆摆手，说他们不需要副行长。

  "是吗？"基辛格很平静地说："可是你知道吗？这位年轻人是欧洲最有名望的银行家的女婿。"

  世界银行行长一听，高兴地同意了基辛格的推荐。由此，基辛格促成了一桩美满婚姻，贫穷农民的儿子鱼跃龙门，成了金融寡头的乘龙快婿；另外，他还为世界银行物色了一位合适的副行长，真是功德圆满。

  基辛格的创意可谓效果卓然，像这样具有价值的创意也许不多见。特别在商业领域，每个创意都有太多的变量与风险，并不一定带来直接财富。如何判断创意的含金量，是一门学问。

  我们在前面说过，任何创意都有自身价值所在，很多一无是处的创意很可能是下一个有用创意的开始。因此，我们现在讨论的创意价值含金量，是抛开创意

本质进行的衡量,是从创意的商业价值角度进行的,一般来说,可以从三个方面加以观察:

1. 独创性。

独创性是较为客观的标准之一。创造学术大师麦斯娄曾经说过:"就创意来说,一个由平凡的家庭主妇独创的食谱,以职业水准所烘焙出来的蛋糕,要比一幅由天才画家胡乱涂鸦、鬼画符出来的画,要有价值得多。"这种观点体现出创意的独创性特点,由于前者的创造是独一无二的,比较而言,后者的创作只是简单地模仿或者应付了事。两者的价值谁高谁低,就此可以判断。

事实上,人们在判断什么是创造成果时,首先是用独创性来衡量的。缺乏新颖性和独创性的劳动成果,如重复性的劳动产物,不会被视为创造成果。当日本人看到美国的阿波罗宇宙飞船登上月球时,不禁感慨万千,因为阿波罗工程中的每一项技术,日本人都拥有。可是因为他们没有美国人的登月创意,只能眼睁睁看着美国人最早踏上月球。

独创性来之不易,一个人是否具有创意能力,与智商、地位、名气没有直接关系;创意涵盖着从发明创造、流程修正到模式转换等种种方面,独特的创造才会有突出的表现,才有更高的价值。我们知道,即使才华横溢的贝多芬,也不是凭空创作多首撼动人心的作品。除了流传百世的音乐作品外,他留给后世最珍贵的资产就是无数的笔记本,他将所有的想法记录在笔记本中,其中既包括不成熟的原始构想、原始构想的修改经过,也有最后完成的想法。

2. 影响力。

判断创意的价值高低,还要从创意对大众的影响程度加以考察。创意是透过问题的表面现象,揭露问题实质的过程,这一过程中,只有广泛联系、思考,才能预见研究的进程和结果。当年,哥伦布一改大家都向东开始航行的习惯,向西航行,结果最先发现了新大陆。这种影响力无与伦比。

必须明确的一点是,为了使创意能够付诸实施,它必须要有通俗性。如果脱离大众,不为大众理解,怎么可能被他们接受?因此,影响深远的创意,价值自然大;反之,价值就小。

3. 持久性和灵活性。

创意的价值,还受到持久性影响。有些人费尽心思发明创造,可是历经数年的创造成果,很快就失去了生命力。这样的创意怎么会有过高的价值?

然而,持久创意并不一定最有价值,相反,由于思维的灵活性,思维活动能依据客观情况的变化而变化,这时具有灵活性特点的创意就价值激增。比如铅笔,加上橡皮擦,可以成为"橡皮铅笔";加上一个机械装置,可以成为"自动铅笔";用纸将铅芯卷起来,又成了"纸铅笔"。如此种种变化,体现出铅笔创意的灵活性,它的生命力也就无穷无尽地演化下去。这说明创意是不断完善的过程,从这个意义上讲,判断一个创意价值的含金量,也需要从变化的角度加以考察。

一个人是否具有创新能力,是"一流人才和三流人才之间的分水岭"。

——美国哈佛大学校长普西

两个"偷懒"的发明故事
说明创意是解决问题的法宝

创造性思维是一种开创性的探索未知事物的高级复杂的思维,是一种有自己的特点、具有创见性的思维。它贵在创新,或者在思路的选择上,或者在思考的技巧上,或者在思维的结论上,具有前无古人的独到之处,包括在前人、常人的基础上产生的新见解、新发现、新突破。这一切说明,创造性思维目的性明确,就是为了解决问题。

斯托特发明钟控锅炉的故事说来有趣。

当时,他正在明尼苏达州读书,为了免交房租,替房东照管锅炉。这个工作并不难,每天清晨四点,闹钟一响,只要他跑到地下室去打开炉门,关上风门,然后把火烧旺,使房子暖和起来,工作就完成了。

可是,这件简单工作背后隐含着很大的辛苦。因为每天清晨四点起床,实在是太早了,而且气候寒冷,冒着严寒去地下室也是个挑战。所以,斯托特工作几天后,就不停地想,怎样既不耽误开炉门关风门,又能让自己睡个好觉呢?

为了能够躺在被窝里"偷懒",他想出一个好主意,他用一根长绳拴住炉门,把绳头从窗子拉进卧室,每天清晨闹钟一响,他躺在被窝里拉一拉绳子就行了。

这个办法顺利地实施了几个星期,斯托特十分得意。然而一天早上,绳子拉断了,他不得不又跑去地下室继续吃苦头。这次事件给了斯托特教训,他觉得必须改进自己的方法,才能永久性地避免受苦。

经过再三思索,他决定直接把闹钟放进地下室,做一个类似老鼠夹子的机关,让发条钮支一根木棍,木棍的一端系着一根连接炉门和风门的绳子。这样,闹钟一响,发条钮就转动,木棍倒下,牵动炉门打开。

试验成功了,斯托特再也不用早起去地下室了,并将自己发明的这套装置叫做"钟控锅炉",在全国推广。后来,"钟控锅炉"在世界得到了广泛的应用。

还有一个广为人知、应用广泛的发明创意,也是"偷懒"的结果。这就是"不需要看守"的铁丝栅栏,它的发明者名叫约瑟夫。

约瑟夫小时候很喜欢读书，但是家里很穷，小学毕业后就辍学了，帮人家放羊赚取生活费。在放羊时，由于他经常读书忘记看顾羊群，惹了不少麻烦。羊群撞倒栅栏跑到庄稼地里，践踏损坏，为此，老板没少训斥他，要他再也不要读那些无用的书了。

可是约瑟夫不肯放弃读书，于是他想，怎么样找出一个既能防止羊群冲倒栅栏，又不耽误看书的办法呢？经过细心的观察，他终于有了一个新发现，羊在冲出栅栏时，从来不敢碰有刺的蔷薇做成的围墙。由此他得出结论，如果将栅栏四周全部栽种上蔷薇，不就可以阻止羊群跑出去吗？不过，栅栏面积很大，周长几十公尺，要想完全用蔷薇覆盖住，实在太困难了。

又是一段苦思，约瑟夫有了办法，他找来长长的铁丝，把它们剪成针刺状，交叉拧在一起，缠到了栅栏上。结果效果很好，起到了蔷薇围墙的作用。就这样，约瑟夫做成了"不需要看守"的铁丝栅栏。

故事中，两位主人公从一般人到发明家，其中什么起到决定性作用？创意。是创意让他们想到解决问题的方法，并完成自己的发明。

使用自己的脑力解决问题，是创意的根本要求。美国的珍妮特·沃斯在《学习的革命》一书中提出了12步解决问题法，指出寻求创意的途径和方法。创意为什么可以解决问题？在现实生活中，又该怎么样利用创意解决问题呢？

首先，创造性思维的特点决定，它是一种开创性的探索未知事物的高级复杂的思维，这种思维贵在创新。不管是从思路的选择上，还是思考的技巧上，或者思维的结合上，它最根本的特色就是具有前所未有、与众不同的独到之处。从这一点看，创造性思维的目的明确，就是为了解决尚未解决的问题。

其次，透过创造性思维解决问题，是创意的结果表现形式。一项创意能够转化为实践活动，需要经过漫长的探索和钻研，在这个过程中，自然也会包含着很多

挫折。不漏油圆珠笔的发明,就是透过创意解决问题的典型案例。长久以来,人们一直为圆珠笔漏油问题困扰,认为这是由于圆珠笔钢珠磨损造成的。很多人为了解决这一难题,不断地强化钢珠硬度和耐磨性,可是效果甚微。有位日本人从与人不同的角度出发,想出了一条切实可行的措施。他透过大量试验,统计出圆珠笔写了多少字后开始漏油,进而采用在管中定量灌油的方式,终于解决了此难题。

生活中,人人具有创意潜能,人人都能够创造,关键在于如何发挥和发掘这种潜能。通常,人们考虑问题,都有一条正确的思路以有利于寻找、发现、分析、解决问题。然而,固定思路往往不能解决问题,按常规的逻辑思维活动外,突破思维定势思考问题,从新的思路去寻找,才是解决问题的方法。

> 创新有时需要离开常走的大道,潜入森林,你就肯定会发现前所未见的东西。
> ——[美]贝尔

跳槽跳出创意来源的理论之一——变形理论

创意有时候只是用不同的眼光看一个旧东西,只是视角改变了,东西就成了新的。我们的日常生活中充满了这一类改变观念的创意。另外,改变用途可以创造更多新的可能和发现。

A 和 B 是要好的朋友,有一次,A 由于没有完成任务,遭到公司经理严厉批评。A 十分生气,对 B 说:"我要离开那家公司。我恨那家公司!"

B 听了,建议道:"我举双手赞成你报复!破公司一定要给它点颜色看看。不过你现在离开,还不是最好的时机。"

A 不解,问:"为什么?"

B 说:"如果你现在走,公司的损失并不大。你应该趁着在公司的机会,拼命去为自己拉一些客户,成为公司独当一面的人物,然后带着这些客户突然离开公司,公司才会受到重大损失。"

A 正在气头上,觉得 B 说得很有道理,于是他接受了这个建议,开始努力工作。事遂所愿,半年多的努力工作后,他有了许多忠实客户,业绩节节攀升。

有一天,A 又遇见了 B,B 问 A:"现在是时机了,要跳槽赶快行动哦!"

没想到,A 淡然笑道:"老板跟我长谈过,准备升我做总经理助理,我暂时没有离开的打算了。"

想法变了,问题自然也会转变。这是创意的来源之一,属于变形理论中的观念改变。创意有时候只是用不同的眼光看一个旧东西,只是视角改变了,东西就成了新的。

有时仅仅是认知上的改变,就可以产生力量无穷的创意。香港有线电视(TVB)的老板邱复生先生说:"电视节目制作公司的责任不过是提供节目,但是,不一定要自己生产节目才能提供。"为此,他曾经专门做录像带租赁店的招租工作。当公司签约的店达到 1000 多家的时候,邱复生发现绝大部分录像带的用户都与他的公司有某种程度的关系。邱复生说:"我发现我不是一个录影节目的供货商,我是一个没有频道的电视台。"

除了观念改变外,变形理论还有一种表现形式:改变用途。改变用途可以创造更多新的可能和发现。我们的日常生活中充满了这一类的创意,比如黏东西时,手边如果没有浆糊,我们就会顺手拿一粒米饭抹上去;吃饭的时候,如果锅碗瓢盆太烫,一时找不到垫木,很自然拿一叠废纸充数……诸如此类的创意随处可见,随时解决我们遇到的任何问题。

在创意活动中,改变用途更是常见的方法。一般来说,改变用途可以分为改变人的用途、改变物的用途、改变知识的用途三类。比如,鞋子虽然不能用来做装酒的容器,但是我们可以把杯子做成鞋子形状的装酒容器。

> 将来,先进国家生产的产品价值只有很少一部分是从蓝领工人的劳动及从资本物中得来,而主要是从设想和创新中得到的。
> ——[美]吉福德

"不用划"的船揭示创意来源的理论之二——魔岛理论

魔岛理论来自于古代水手的传说。据说,在古代航海时代,当船只驶入一片汪洋大海时,水中会突然冒出一片环状的海岛;还有更神奇的是,水手在入睡前,海上还是一片汪洋,第二天一觉醒来,却发现周围出现了一座小岛,水手们将之称为"魔岛"。魔岛现象说明了创意产生的过程。在实践中,不少创意都是经过长年累月地沉淀后,忽然间浮现眼前,"灵感"乍现。

1905年8月的一天,天气炎热。奥利·埃文鲁德兴致颇高,一大早划船带着一位女子到密歇根湖的小岛上野餐。

中午时分,炎炎烈日下,女子有些热得受不了了。埃文鲁德很会体贴人,急忙划着小船去岸边买冰淇淋。这座小岛距离湖岸4公里,路途不算近,所以埃文鲁德奋力地划船回来时,冰淇淋已经融化了。他十分不好意思,女子却笑笑说:"没什么,要是小船划得再快些就好了。"

对啊,埃文鲁德心里一动,船划快了冰淇淋自然不会融化,可是怎么样才能做到这一点呢?依靠臂力划船,速度不会提高太快,他忽然想到既然汽车可以用发动机,为什么不能用发动机代替双桨呢?

埃文鲁德投入到自己的研制工作中,不久竟然制成了一种能挂在船尾的马达。这种马达一端伸入水下,一端连着螺旋桨,可以左右转动,很容易控制航向,所以,一经推出后,效果极佳,很受欢迎。

埃文德鲁从溶化的冰淇淋中受到启发,发明了"不用划"的船,这体现出创意来源中的魔岛理论。

魔岛理论来自于古代水手的传说。据说,在古代航海时代,当船只驶入一片汪洋大海时,水中会突然冒出一片环状的海岛;还有更神奇的是,水手在入睡前,海上还是一片汪洋,第二天一觉醒来,却发现周围出现了一座小岛,水手们将之称为"魔岛"。魔岛现象说明了创意产生的过程。在实践中,不少创意都是经过长年累月地沉淀后,忽然间浮现眼前,"灵感"乍现。

按摩袜的发明就是一个很好的案例。有个人洗脚后,穿袜子的时候忽然想到,要是袜子能够帮人按摩脚底,岂不是更好?根据这一想法,他发明了一种底部有18个凸点可以按摩穴道的袜子。

灵感一来,创意诞生,这是魔岛理论的基本特色。著名广告家韦伯·扬就曾经指出,创意的产生或孕育就是"魔岛浮现"。在他个人创意生涯中,多次实践着这一理论。

灵感怎么会突然而至呢?这往往是长期思索的结果。爱因斯坦在做白日梦,梦见自己以一道光在太空旅行,结果提出了相对论。我们常常说"浮想联翩",这是很多奇思妙想的起始点。动用自己的感官带来知觉,这种本能会产生很多奇特的效果。

要想捕捉灵感,寻求创意,也有一定的规律可循。不少人发现在大脑放松时,会进入最适宜的创造状态。于是,他们会听一些轻松的音乐,或者散步,让潜意识发挥作用,进而等待创意出现。

当然,魔岛理论并非所有创意的来源方式,很多时候,它只是适用于"聪明的创意",也就是我们通常说的"发明";而一些"模仿"、"改良"等创意,并不适用这一理论,它们另有来源。

基于聪明的设想出现的创新数量极大,哪怕成功的百分比较小,仍然成为开辟新行业、提供新职业、给经济增添新的活动面的巨大源泉。

——[美]彼得·杜拉克

四帖药方显示创意来源的理论之三——组合理论

一个新想法往往是老的要素的新组合,尝试各式各样的组合,这样既简单又有效,是很多发明创造的解决方法。简单地说,组合就是两者合二为一,比如合金,将两种金属组合后是什么样子?不仅物品可以组合,方法、主意、建议都可以组合。

有位先生,经过多年奋斗,终于事业有成,却陷入一种莫名其妙的空虚之中,日子久了他不得不去看心理医生,以求解脱。

心理医生听完他的倾诉,为他开了一个处方,对他说:"你明天独自去海边,除了我的药方,什么都不要带。分别在上午9点、12点,下午3点、5点各服用一帖药,你的病情一定会好转。"

他听了医生的话,第二天果然来到了广袤无际的大海边。9点钟,他打开了第一帖药,却惊奇地发现里面什么都没有,纸上写着两个字:聆听。他想,看来医生是让我照此行事,于是坐下来静静地聆听风声、浪声。多年来,他从没有如此静心地聆听过,他感觉自己的身心就像被洗涤一般,顷刻间轻松明澈起来。

12点,他打开第二个处方,上面写着"回忆"两字。于是脑海中浮现出从小以来的种种状况,既有少年时的天真无邪,也有青年时的艰苦创业,一幕幕场景让他感觉到了各种亲情、友情,在他内心深处不由重新燃烧起生命的热情。

到下午3点钟,他打开第三个处方,上面也有两个字:反省。这两个字同样让他浮想联翩,他想到只顾赚钱,失去了工作的乐趣;他想到为了自身的利益,曾经对很多人做出了伤害……这让他心情激越,感情起伏,久久难以平静。

黄昏时分,打开最后一个处方的时间到了,先生看到上面有一行字:把烦恼写在沙上。他明白了,果真在沙滩上写下"烦恼"两字,这时,一道海浪冲过,瞬间冲没了他的"烦恼",只留下一片平坦。

眼见此情此景,这位先生的心情顿时好转,心病一扫而光。

四帖看似毫无关联的药方,治好了中年人的心病,这体现出创意来源理论中的组合理论。组合理论,简单地说,就是两者合二为一,比如合金,将两种金属组合,结果会是什么样子的？不仅物品可以组合,方法、主意、建议都可以组合,进而出现新的事物。事实上,绝大多数新事物都是旧元素的新组合,这种组合往往既简单又有效,是发明创造中解决问题的好方法。

两个已经被人熟知的观念,或者产品,合并在一起的时候就可能会成为全新的观念、产品。进行组合创造,大体分为两种类型：

1. 两种完全没有关系的事物组合在一起,形成一种全新的、有用的新事物。

电子表和音乐贺卡就是这种组合的典型代表。手表和笔本是毫不相关的两件物品,将它们组合在一起后,成为崭新的电子笔；音乐与贺卡看起来也没有什么关联,可是组合变成了音乐贺卡。这两种产品都是台湾地区的发明,曾经为台湾地区创造大量外汇。

2. 将相关的东西进行重新组合。

这种类型与第一种类型相反,进行组合的事物往往具有相关性。比如杂志书就是一个典型的创造。日本人注意到杂志出版发行的时效性短,而书籍保留的时间长,于是将两者结合,发明了Mook,即杂志书。这个新发明既能满足书的完整性、长久性,又能保证杂志的时尚性,可谓一举两得。

> 为了产生创新思想,你必须具备：必要的知识；不怕失误、不怕犯错误的态度；专心致志和深邃的洞察力。
>
> ——[美]斯威尼

塞麦尔维斯积极探索创意来源的理论之四——求新理论

求新理论，指的是每个问题都有很多答案，如何创造性地解决问题，就必须开辟新的道路、寻找新的突破点、发现新的联系。所有好的发明者、革新者、创造者，对于新知识都有永不满足的爱好，永不停下求索的脚步，才会走出自我的狭小空间。

在维也纳广场，有一座产科医生塞麦尔维斯先生的雕像，他被人们称作"母亲们的救星"。关于这段故事，说起来感人至深。

塞麦尔维斯生活在19世纪中期，当时人们还没有发现细菌，更不知道致病菌是怎么回事。在这种情况下，医生们无法正确认识产妇们生下孩子后为何会得产褥热，更不知道怎么去预防治疗。

有一段时间，塞麦尔维斯负责的病房里有206位产妇，因产褥热死了36人，而且其他产妇也有不少人出现了患病症状。塞麦尔维斯十分焦急，带领助手们竭尽全力予以救治，然而没有任何效果。这让他觉得非常对不起病人，不停地自责，认为这是自己的责任。

前来实习的助手们不以为然，说："我们已经尽了最大努力，用了所有方法，怎么能怨我们呢？看来是她们的命运如此。"

塞麦尔维斯斩钉截铁地否定了助手的话，说道："这不能归咎于命运，应该有办法解决这一难题。"

从此，他开始着手进行调查研究，寻求预防治疗产褥热的新方法。皇天不负苦心人，他发现了很多奇怪的现象，比如当医学院学生不来医院实习时，产褥热发病率会降低；当有些产妇在就医途中分娩，进院后不需要医生检查时，也往往不会得产褥热。难道产褥热与医生有关？

这一全新的想法使塞麦尔维斯非常震惊，恰在此时，他的一位好友在解剖产褥热患者尸体时，不幸割破自己的手指，也患上类似产褥热的病症，不治而亡。从这一事件中，塞麦尔维斯受到更深刻的启发，他进一步坚定了产褥热是某种毒物传染的结果。于是在产科病房中施行消毒措施,果然取得了神奇的效果,产褥热死亡率大大下降。

后来,巴斯德发现了细菌,证实了塞麦尔维斯的正确。

塞麦尔维斯从全新的角度观察、考虑问题,进而得到全新的、有用的答案。这是创意中求新理论的作用。求新理论,指的是每个问题都有很多答案,如何创造性地解决问题,就必须开辟新的道路、寻找新的突破点、发现新的关联。

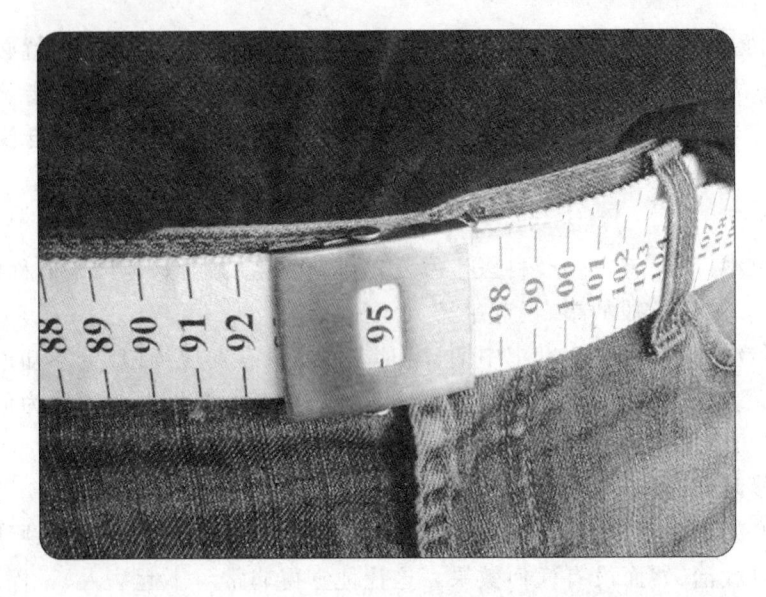

创造的目的性告诉我们,发明家的创造,就是为了首创前所未有的事物,既包括各种有形物品,也包括各种方法、手段等。透过这些新事物,可以改善、提高人类改造自然的能力,生活得更加美好。所以,创造必须打破原有模式,从新的角度入手。

求新,需要走出自己的领域。美国教育家尼尔·普斯特曼（Neil Postman）在《教学:作为一种起破坏作用的活动》中所说:"孩子可能进入学校时像问号,但离开时像句号。"说明了知识对于创新的约束力。一位优秀的发明者、革新者、创造者不能局限于已有的知识,而要对新知识有永不满足的追求和爱好,才会走出自我的狭小空间。

我们以广告创意为例,看看求新理论从哪些方面入手进行创新发明的?

广告创意中求新理论有两方面内容:一是语言求新。在广告中语言是意义的载体,也是概念的载体,意义重大。一则广告如果没有创新的语言,很难实现目的;而一则流传广泛、影响深远的广告,往往靠其深入人心的语言魅力。

二是感觉求新。人类的感知能力强烈,除了语言外,其他符号,如颜色、线条、声音都可能是创意的来源。日本人就非常懂得感性创造。1984年,有家名叫"罗曼蒂克"的公司推出一种心形巧克力,这种巧克力的特点在于打开后,里面写着一些感人的话,像"请允许我热吻一次"、"你让我的人生充满意义"等,这些别致的创新赢得消费者喜爱。

对商人而言,"有从自由构想和行动中创造新的价值和知识能力"越来越显重要。

——[日]水喜习平

千两黄金培养创意的三要素

创意是环境、动机与方法三要素相互作用的产物。社会有义务提供自由的环境,这是创意需要的温床。创意动机无奇不有,激发和保护动机,会促发创意产生。创意的方法具有专业性,也具有一般性。

有一天,阎王发现前来报到的魂魄中出现了问题:有个年轻人,二十几岁就活活饿死了,可是生命簿上明明写着他可以活到六十多岁,而且很有财运,这是怎么回事,难道有人陷害了他?

阎王执法严明,决定调查此事,他想了想,首先叫来财神,结果得知财神因为那人具有文学天赋,就把钱财交给了文曲星。阎王一听,又找来文曲星,问他怎么回事。文曲星见到那人,说了事情的原委,原来那人很有武功底子,比起文学才华强出许多倍。所以文曲星想,他一定会学武,并有所成就,就把钱财交给了武曲星。

结果,武曲星接到钱财后,却发现自己不知道如何让那人拿到钱财,因为那人太懒惰了。无奈之下,他只好把钱财交给了土地公。这时,土地公来到阎王前,叹口气说:"哎呀,王爷千岁,那人实在太懒了,我为了让他得到钱财,在他家地里埋了黄金,只要他动动锄头,就可以挖到黄金,可是他从来没有干过活,所以就被饿死了。"

真相大白,阎王不再理论,说了声"活该",就将钱财充公,并将那人的魂魄打入地狱之中。

成功是:"百分之一的灵感,百分之九十九的血汗。"对于人生而言,勤奋的作用远远大于天赋。尽管这是众所周知的道理,在现实生活中,还是有很多具有良好天赋的人终生碌碌无为,毫无创意可言。这是怎么回事?

创意不仅只是创造者投入脑力活动的成果,而是脑力活动与体力活动、物化活动结合的成果。人人都有创造性的才智和智慧,都有创造的机会,但并非人人都能做出创造成果。这中间存在着很多因素,其中最重要的有以下三点:

1. 环境因素。

没有一个自由思维、自由表达、自由讨论的环境,创意就会被压抑,就会失去滋生的机会。俄国就是一个例子,在当今世界,他们的科技可谓先进,然而生产力却低下。原因何在？因为他们缺乏组织和制度的创新能力,使高科技难以转化为高生产率。

创意是一匹骏马,喜欢自由奔放,它不愿意终日拴在马厩里,被人看管。事实上,看管是创意的敌人,在缺乏平等的气氛里,创意会郁郁而终。只有宽松的环境,容忍的态度,创意才会自由自在地翱翔。

多数情况下,创意是在一次次错误之后才有硕果的。爱因斯坦到普林斯顿大学工作,当他来到办公室时,工作人员问他需要什么用具。他除了要求常规办公桌椅外,还特别强调要一个大的废纸篓。工作人员不解:"为什么要大的？""好让我把所有的错误都扔进去。"爱因斯坦回答。失败乃成功之母,如果不能允许错误发生,不能原谅犯错误的人,谁能保证一次得到想要的创意？

一个社会、一家公司、一个人,要想进步和发展,就必须培养创新精神,不要让创意枯竭。很多人,很多时候,因为害怕错误而不敢创意,这是最大的损失。创意与环境密不可分,如果创意得到社会的认可和鼓励,创意活动自然增加；社会对于创意有责任、有义务提供自由的环境,这是创意需要的温床。

2. 动机是创意的源泉。

事实证明,只有动机越强烈的时候,创意活动才越频繁。激发各种动机,会提高创意积极性。创意动机各式各样,无奇不有,如何适当地激发和保护它们,是创意需要的第二要素。镀金手表就是创意动机促发的产物,人们很喜欢金表,可是黄金价格昂贵,不是一般人可以购买得起的,于是人们就用其他金属代替黄金,在表面上镀一层金。这种手表外形美观,几乎可以乱真,很受消费者欢迎。

3. 方法是创意实现的途径。

创意的方法很多,一般来说,不同领域有不同的创意方法,不过,很多方法也是通用的。比如头脑风暴法,就是把不同专业的人集合一起,从不同角度提出毫无任何限制的多种方案方法,从中找出创意点子来。

在科技创意中,方法也有专业性,有时候需要具备一定专业知识或理论,并有相当专业设备的人或组织才能完成。比如科学家曾经观察"飞蛾扑火"现象,他们先是猜想烛光是一种"类微波激射"的红外频谱发射源,所以能吸引夜间飞行的飞蛾。然后,他们才不断用实验去验证猜想的正确性。

不管哪种方法,都是创意产生的途径,只有在一定环境下,在动机刺激下,才会发生作用。所以说,创意是环境、动机和方法三要素相互影响的产物。

"所谓创意,就是不折不扣的旧元素的新组合。"
——[美]詹姆斯·韦伯·扬

老农插秧启发总裁大脑

作为一个未来的总裁,应该具有激发和识别创新思想的才能。不仅要自己善于拿出好主意、好办法,更要很好地领导员工,创造财富,还要懂得培养和发现其他人的创意潜能。

一位博士工作累了,就到附近田间散步,偶然看到有位老农正在插秧,秧苗插得又快又直。他观察了一会儿,觉得十分神奇,有心了解插秧的诀窍,就上前询问。

老农见来了位博士向自己提出问题,很感动,就热情地递过去一把秧苗,请博士自己试试。

博士很想体验民间劳动,遂脱鞋挽裤,抓着秧苗下了田。他弯着腰细心地插秧,还不时抬眼瞅瞅有没有插直。等他插了一段距离后,站立起来一望,不由大惊,原来他插的秧横七竖八,不成样子。这是怎么回事呢?

这时,老农告诉博士,插秧时应该盯着前面的一个目标,这样就容易插直了。博士恍然大悟,心想这么简单的道理我怎么没想到呢?于是赶紧寻找目标,发现了远处有头水牛,就以它为目标,再次弯腰插秧。

然而,出乎博士意料的是,当他再次直立起来观望时,看到自己插的秧苗依然歪七扭八,不在一条直线上。他只好再次向老农请教。

这次,老农笑起来,他说:"水牛总在动,盯着它当然插不直了,你要盯住一个不动的目标,这样才行啊。"博士彻底明白了,当他以一棵树为目标去插秧时,果然整齐多了。

这个简单的小故事讲述一个大道理:人不能没有目标,也不能总去变换目标。当今社会,每一家公司都渴望成功,都希望拥有更多创意人才,及早创新,实现飞跃。可是怎么样才能做到这一点呢?

在一个公司里,总裁无疑是决定其成败的关键人物,他除了必须明确一个不轻易变更的奋斗目标外,还要从自身做起,尽力开发自己的大脑。这才是公司取得成功的基本保证。美国管理学家斯威尼说过,作为一个未来的总裁,应该具有激发和识别创新思想的才能。这一才能包括两点：一位优秀的总裁，不仅要自己善于拿出好主意、好办法，更要很好地领导员工，创造财富，还要懂得培养和发现其他人的创意潜能。

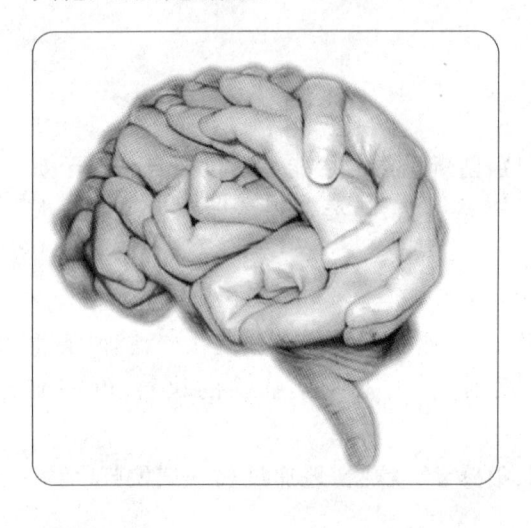

创造性思维来自于大脑。大脑是一个宝库，蕴藏着无限创意。作为总裁，可以从阅读创意方面的文章开始，接触多方面人才，接受来自不同方向的意见和建议。这是吸收新思维营养的好方法，会更快地转变和提高一个人的思维能力。

任何一个人的头脑构造都不逊于他人，任何一个人的成长背景都有着利于创意的一面。目前，社会和经济环境为人才成功创造了良好氛围。作为公司总裁，可以主动接受创意培训，积极倡导创意氛围。带领和激发员工的创意热情，吸纳来自不同环境的创意智慧，这样一来，就可以从整体得到提升。为了鼓励创意，不少公司总裁将创新活动制度化，并推出有关机构。IBM就推出了"革新人员计划"，在IBM公司里大约有45位"革新人员"，对外有各种代号，例如梦想家、创见者、讨厌鬼、叛徒、天才等等。每位"革新人员"的任期是5年，在这段时间里，他可以完全随心所欲地从事他唯一的任务，那就是革新制度。

热情是创意的驱动器，一位朝气蓬勃的总裁总会带给员工积极向上的力量。热衷于自己的事业，促使大脑活动，如果毫无思想压力，这样的公司毫无创意可言。

最后，总裁还要了解一定的创意技巧。创意技巧也许并不明显，或者过于花样化，但是只要多观察、多思索、多接纳不同的信息，就会得到新鲜的空气，充满创新的活力和欲望。

> 作为一个未来的总裁，应该具有激发和识别创新思想的才能。
>
> ——[美]斯威尼

不会飞的鹰启发员工大脑

员工们在学历、素养、年龄各个方面存在很大差异,要想进行统一开发,就必须掌握一定技巧。要放宽环境,降低条件,鼓励他们大胆提出创意建议和构想。经常举行全体员工脑力创意活动,激发积极性。公司既要开发员工大脑,还要锻炼员工自我开发的能力。

高山之巅有一个鹰巢。一天,一位猎人在这里抓到一只幼鹰,把它带回家去,养在了鸡笼里。

这只幼鹰和小鸡一起成长,它们一块啄食、嬉闹、休息,幼鹰以为自己就是一只鸡。

这只鹰慢慢长大了,羽翼丰满,体格壮硕,主人想把它训练成猎鹰,就把它放出来,让它飞翔。可是,由于终日和鸡混在一起,鹰已经变得和鸡完全一样,根本没有飞的意愿了。

主人尝试了各种办法,都没有效果,最后,他带着鹰来到山顶,将它扔了出去。

这只鹰像块石头似的,直直掉下去,慌乱之中,它只好拼命地扑打翅膀,就这样,它终于飞了起来!

置之死地而后生,鹰的故事告诉我们,能力有时候是逼出来的。在现代企业中,如何开发员工们的创意潜能,调动他们的积极性,是关系企业前途的重要课题。

公司的坚实根基是全体员工,只有对他们的大脑进行全面开发,才是公司发展的保障。可是员工们在学历、素养、年龄各个方面存在很大差异,要想进行统一开发,就必须掌握一定技巧。

1. 要放宽环境,降低条件,鼓励他们大胆提出创意建议和构想。

无论创意者资历如何、学历怎样,对于创意,一律采取欢迎、珍惜、爱护、重视、平等对待的态度。即使有的创意荒唐、荒谬、没有什么实用价值,都要给予表扬或奖励。有些公司推出规定,每位员工每年必须犯两次以上创意方面的错误,如其不然,就算失职。

2. 经常举行全体员工头脑创意活动,激发积极性。

人的大脑有1 000亿脑细胞,只有开动脑筋,打开"思想的眼睛",才有可能"看见"理想的实现。如果长时间没有创意思维,脑子就会生锈,变得迟钝,这不但妨害个人能力,还会危及整个公司安全。在日本,许多企业十分注重开发员工大脑,启发他们的创造性思维。有家造纸厂,每天都要处理大量废液,为此不少专家提出过很多建议,却都效果不佳。后来,这家公司推行员工脑力创意活动,结果一位普通员工提出了将废液中混入沙子,从下方喷入空气,使它们燃烧的方法。这一提议简直就是"无稽之谈",在专家看来犹如"胡说八道"。可是工厂还是决定试验一下。没想到,这一试效果极佳,从此,新型流动炉宣告诞生。这一发明很快普及世界,成为造纸业处理废液的首选产品。

3. 公司既要开发员工大脑,还要锻炼员工自我开发的能力。

这是一个日新月异的时代,如果一味等待总裁组织开发,势必造成时间和才智上的浪费。作为员工,也应该主动开发自己的大脑,想办法,出主意,从自己的创意DNA出发,重新寻找发现世界的模式。在中国,用钻探方式采盐已有数百年历史,可是1859年,埃德温·德雷克却尝试用这种方式开采石油。他成功地发现了"黑金",现代石油工业由此诞生了。

如果在做出确认的目录之前,能保留判断的话(在同一时间内),即可创出将近两倍的优秀创意。

——[美]亚历克斯·奥斯本

"抱娃"由创意走向决策

决策,就是决定对策,是个人或群体决策者为实现某确定的目标,对所准备的一些策划方案的选择或综合。简言之,就是"拍板决定"。一般来讲,先有建议、策略,后有创意,再有策划,最后才有决策。

日本有个商人,名叫佃光雄,有一次,他推销一种叫"抱娃"的玩具,效果不佳。他刊登广告宣传,可惜还是无人问津。在这种情况下,佃光雄只得从百货公司把这种黑皮肤的"抱娃"取回来,堆放在仓库里。

佃光雄有个养子,是一个肯动脑筋的青年。在从百货商店撤回"抱娃"的过程中,他注意到一种身穿游泳衣的女模特儿模型,有一双雪白的手臂。这给他深刻印象,他想:假若把这种黑色的"抱娃"放在女模特儿模型雪白的手腕上,那真是黑白分明,格外醒目。透过这样的鲜明比对,说不定顾客会喜欢"抱娃"。

他把自己的想法告诉佃光雄,得到认可后,立即与百货公司交涉。百货公司听说又要把不好卖的"抱娃"拿回来,并不同意。于是他极力陈述自己的主意,经过一番说服,最终取得百货公司同意。

当女模特儿手持"抱娃"的形象推出后,吸引了所有人的目光。凡是走过女模特儿模型前的年轻女子都会情不自禁地打听:"这个'抱娃'真好看,哪儿有卖的?"原来无人问津的"抱娃"一时成为抢手货。

"抱娃"热销,给佃光雄和他的养子极大鼓舞,后来,这个青年又想出一个办法。他请了几位白皮肤的女孩子,身着夏装,手中各拿一个"抱娃",在东京繁华热闹的街道上"招摇过市"。结果,这不仅吸引了大量的过往行人,连新闻记者也纷纷前来采访。第二天,报纸上竞相刊登出照片和报导,东京因此掀起了一股"抱娃"热。

只要有心,总会发现解决问题的办法,将不可能的事变为可能。这就是寻找创意的过程,日本商人是这方面的高手,他们一次次的成功告诉世人:创造性思维不难,将想法变为现实也不难。他们究竟是如何做到的呢?

在创造性思维中,我们会听到很多概念,像建议、策略、策划、决策等。企业也好、个人也罢,创意的最终走向是决策,只有决策才会将一切想法变为现实。下面我们以企业为例来分析决策的产生过程。

决策，就是决定对策，是个人或群体决策者为实现某确定的目标，对所准备的一些策划方案的选择或综合。简言之，就是"拍板决定"。一般来讲，先有建议、策略，后有创意，再有策划，最后才有决策。

首先，建议和策略是点子，是提出"可以做什么"、"可以怎么做"的创造性思维的结果，它们的针对性强。比如针对某一问题提议采取"木马计"，这就是建议和策略阶段，并不一定是完整、系统的计谋，只是一种方法、一种含有新意的"点子"，在企业经营过程中，这种"点子"时常被采用，并得到推广，比如各种促销"点子"。

其次，在"点子"的基础上，进一步思索就是创意，这是一种将建议和策略相结合产生的有价值的创造性意念，是一种全新的战术性思路。创意是策划的核心，再加上对创意的扩展、修改、深入、补充等进一步的具体构思，便可以逐步形成一项完整的策划。

策划是以创新为本质的系统工程。策划是一项战略性活动，是一项全局性活动，具有策略性和创新性两个特点。所以策划是针对明确而具体的目标，透过各种信息的启发，对由一定的建议与策略构成的创意，做出具体的构思和设计，并形成系统而完整的方案的整个运筹工作。

最后，有了策划，就需要做出决策，它才是创造性思维活动的结果。对于企业来说，经营的核心问题是决策。只有从精神、知识、观念、思路多方面加以创新的条件下，透过经营策略的创新，才会策划出新的经营决策。决策有一项原则需要注意：在创意方案时不能决策。决策前，要先构思多种可能方案，拓宽思路，经过比较、综合、选择，最终做出决定，这样的决策会更加优化。

经营策划的核心是创意，创意的根本在创新。希腊的一位哲人说过："人不可能两次踏入同一条河流。"每一个成功的创意都只适用于一定的具体环境和条件，世事变化无常，只有对策略进行创新，才能运用于经营决策。

有一件事情是十分清楚的：创新思想不是那些专门从事开发创新思想的人的专有领地。

——［美］斯威尼

伟人并非永恒的创意机器

何谓智力管理？有人将之描述为这样一个过程：透过员工队伍收集成百万的创意，然后把其中最好的变成能销售的产品系列。这是针对企业而言的。对于个人来说，智力管理可以说是恰当地开发、运用智慧，并最终实现个人价值的过程。

巴尔扎克是举世闻名的法国作家，他一生创作了很多伟大的作品。他执着于创作，为此曾发生过很多感人的故事，其中有一次，他写作特别投入，无时无刻不在思索文章的情节。这天，有位朋友来访，巴尔扎克依然沉迷于自己的作品中，忽然冲过去大喊道："你，你这个不幸的少女自杀了！"

朋友吃了一惊，连忙出去了。后来，经过询问才知道巴尔扎克写作入了迷，口中所言少女是他小说中的一个人物。

与巴尔扎克一样，沉迷于自己事业的伟人还有很多，另一个故事说的是物理学家安培。

一天黄昏，安培走上街头散步，脑海里却始终盘算着物理题目。这时，他看到眼前有块"黑板"，就走过去演算自己的问题。可是，他没有注意到"黑板"会向前移动。

安培全神贯注，随着"黑板"不停地继续计算着。这一奇特景观吸引了所有的散步者，他们不由哈哈大笑起来。

在众人的笑声中，安培才发现，自己演算的"黑板"竟然是辆黑色马车的车厢背面。

上面两个故事告诉我们，伟大人物并非天生聪明，而是善用智力，这是他们成功的关键。

将智力运用到该用的地方，这是智力管理问题。何谓智力管理？对于企业而言，就是透过员工队伍收集成百万的创意，然后把其中最好的变成能销售的产品系列；对于个人来说，智力管理可以说是恰当地开发、运用智慧，并最终实现个人价值的过程。

在现今经济时代,企业所拥有的知识成为其核心竞争力的源泉。而如何管理知识以及知识型员工,成为企业面临的一个全新挑战。由此提出了智力资源管理概念。在企业中,智力资源管理的核心部分就是将智力资源达到最大化的发挥和运用,进而使脑力劳动产生最大效益。

3M(Minnesota Mining and Manufacturing Corporation,明尼苏达矿务及制造业公司)公司非常注重智力管理,上百年来,它始终贯彻"成为最具创意的企业,并在所服务的市场里成为备受推崇的供货商"的目标,不断进行改进创新,得到世人的广泛称赞。惠普公司将它视为自己的榜样,柯林斯和波拉斯更是在他们的名著《企业精神,贯彻始终》一书中,称它为真正独一无二的企业。

可见,智力管理在企业经营中具有无与伦比的关键性,目前,智力资源管理一般具有以下特征:

1. 智力资源管理的核心内容是对人进行管理。智力资源管理的实质,就是对企业的员工进行有效的运用和开发。3M公司有一项针对所有部门的政策,即过去5年中新推出产品和服务的销售收入,必须占总收入的30%。这一政策促使各个部门的员工必须不断动脑筋,想办法进行创新,以求达成目标任务。

2. 智力资源管理的过程和目的是充分发掘员工的潜力,获取企业发展所需要的各种隐性知识并使之显性化,进而实现知识的传播和创新。3M公司执行副总裁罗恩·鲍柯(Ron Baukol)曾经说:"再有创造,再有创意,只要不能用于顾客,一切都是枉然。"他认为,合理开发员工智力必须与市场、顾客相结合。

对于智力资源,3M 有一个颇具典型意义的做法,这就是"15% 规则":如果一个员工有了新创意,就用 15% 的工作时间深化其创意。在此基础上,他可以寻求专业工程人员帮助,进一步完善创意,并付诸于制造、营销阶段。这一管理措施,无疑可以使得每个创意都能得到延伸,不至于白白浪费。

3. 智力是存在于人脑中的特殊资源,智力资源管理应该以企业现有的人力资源管理框架为基础,结合心理学、行为学等,对企业智力资源进行有效控制、管理和激励。

3M 公司认为创新能力不等于创造力,两者的区别是 3M 建立远景的基石。其亚太分公司副总裁托尼·格斯多(Tony Gastaldo)说:"创造仅指有闪光的思想。创新则指思想具有操作性,并能付诸实践。"

独创性作品如彗星闪耀,所向无敌,无物可比,为众人所瞩目……

——[英]杨格

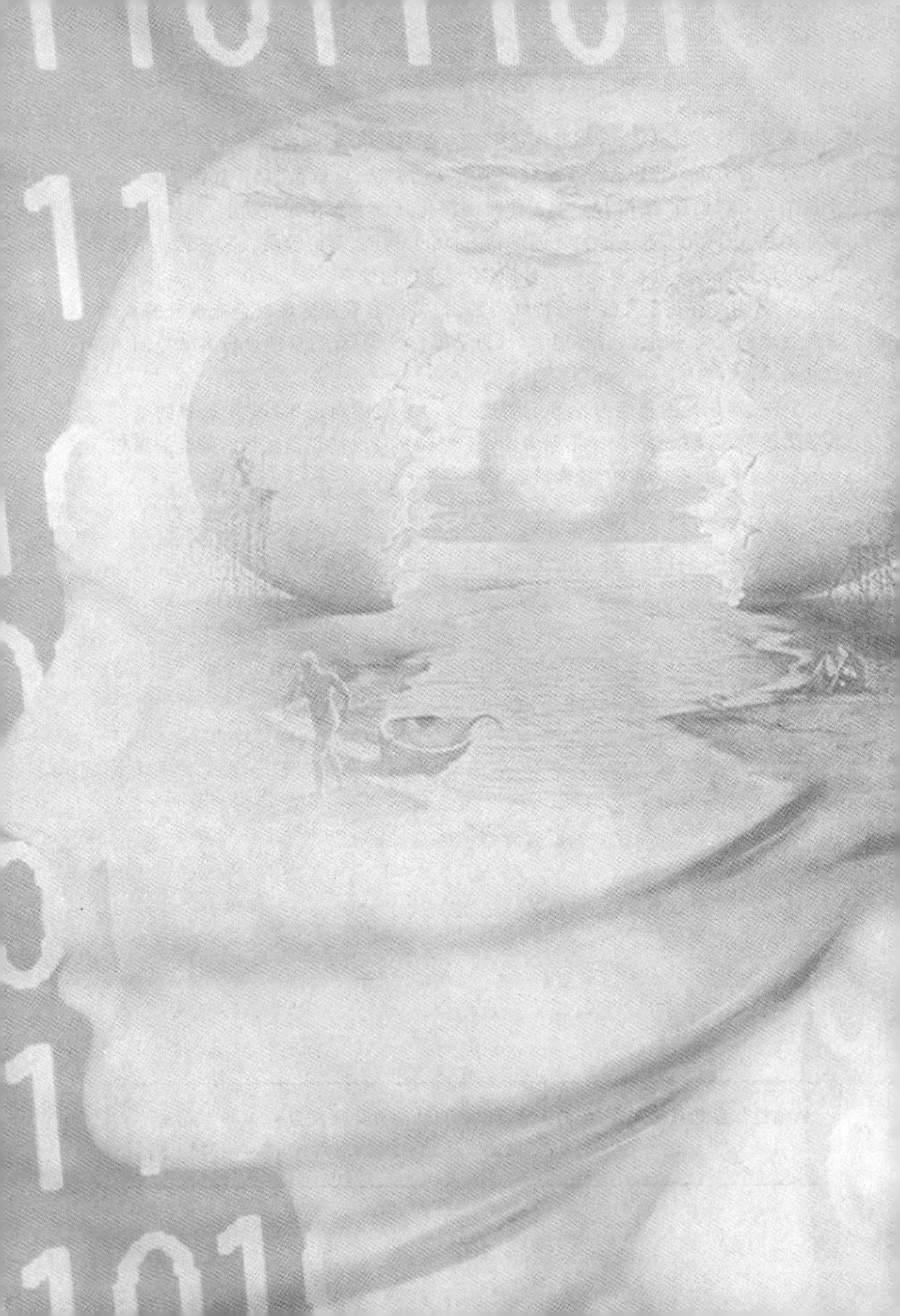

第三篇

创意与创新

绿色饭店体现创新概念

创意本身也许不含任何价值，但它是创新的起点、前提，也是创新的灵魂和主线，没有创意就没有创新，就不可能实现价值。创意→创新→创造→独创→创意……这是一个由低到高的循环性过程。

在美国纽约有家饭店，由于经营不善，面临倒闭。这天，饭店老板的一位朋友来访，与老板谈论起饭店经营之事。老板叹着气说："不行啦，竞争太激烈，我看只好关门大吉了！"说完，领着朋友到饭店后面的空地上散心。

这是一片空旷的平地，面积不小，四处生长着杂草，看样子很久没有派上用场了。朋友在平地上走了几圈，忽然灵机一动，对老板说："我有办法了。如果你照我想的去做，饭店生意肯定会兴盛起来！"

老板连忙追问："什么好主意？"

朋友回答："绿色饭店。"说完，他向老板讲了自己的想法。

第二天，饭店大门边贴出一则告示，上面写着：本饭店准备推出植树纪念计划，如果您有兴趣，可以在用餐后种下 10 棵树。告示贴出后，立即吸引很多人，大家都来询问这项计划的详细内容，并踊跃参与。

结果，饭店的生意一下子好转，前来吃饭植树的人络绎不绝。

几个月后，饭店后面的空地变得树木葱郁，一派生机，不少顾客漫步其中，享受着绿色气息以及劳动的成果。很多曾经种下树苗的顾客，对此念念不忘，专程前来看望，使得饭店的生意旺上加旺。

绿色饭店不愧为创新之举，为饭店老板赢得事业成功。那么什么是创新？它与创意有何异同？

首先，创新不是创意，简单地说，它是利用已存在的自然资源创造新东西的一种手段，一种方法。可是创新又离不开创意，实际上，每次创新都是以创意为起点和前提，是创意的物化表现。所以，创意是创新的灵魂，没有创意就没有创新，就不可能实现价值。

其次，创新常常用来指新技术，1912 年美籍经济学家熊彼得的《经济发展概论》首次将创新引入生产体系。20世纪60年代,美国经济学家华尔特·罗斯托将"创新"的概念发展为"技术创新",进而使得"技术创新"成为"创新"的主要含义。从此,创新成为经济领域的重要概念和手段。但是,许多创新既不是新技术,也不涉及新技术。例如,麦当劳推广的自助快餐理念,是指以一种不同的方式经营餐馆,并不涉及技术突破。

再有,创新也不是发明。毫无疑问,新产品或新发明是创新的结果,但这并非创新的精髓所在。创新含义广泛,一切创造财富的活动都是创新,其中包括创造社会福利的新产品、新的商业流程模式,以及新的组织结构形式等等。

当今社会,创新在生产工序和服务方面,得到更多更快发展。1981年,英国王子查尔斯和王妃举办世纪婚礼时,吸引了成千上万的商家参与进来,宣传自己的产品。他们有的在包装盒上印上王子和王妃的照片、有的在报纸杂志大做宣传广告,以求大发横财,可是一家经营望远镜的公司却独出心裁,走出一条创新之路。当天,他们在前拥后挤的人海中推出一车车"观礼望远镜",为想一睹王子王妃风采的人们服务。结果,人们蜂拥而上,将望远镜抢购一空。该公司推出的并非新产品,而是一项新服务。

总之,如经合组织的约翰·德赖登所说:"我们坚信,让地球转动的不是爱,而是创新。"创新已经成为改变人们生活的重要途径,成为促进生产率的主要方法,在未来将会发挥更大的作用。

这些创意中,99%都没什么价值,因为创意本身不含任何价值的情形也有,无法找出价值的情形也不少,但是,无论如何,最后一个创意说不定是全世界最优秀的创意。

——[美]亚历克斯·奥斯本

五金店女老板的创新问号

美国许多大企业都有一项规定：员工凡是因创新而给企业造成损失，不追究任何责任。允许犯错，为创新打开必经之门，没有犯错，也就没有创新。罗默尔是"新增长理论"的创始人，他认为，生活水平的提高更多地取决于创新，而不是取决于物质资本的累积。

有位女士，用有限的资金开了家五金店。当时，市场竞争激烈，而这位女士又没有什么经验，她如何让自己的事业生存下去呢？

这位女士非常爱动脑子，也善于经营自己的想法。开业后，她发现自己每天都会产生很多构思、很多问题，而这些构思、问题如果不记录下来，很快就会消失殆尽了。于是，她每天都花时间记录自己的想法，并且每星期进行一次大整理。在整理中，她细心地检视每个构思，从中考虑哪些可以应用于实践？怎么样才能比较可行地改善业务？

她十分清楚自己的目的，那就是更多的顾客上门，更多的顾客购买商品。有一次，她从自己的构思中看到一条信息：让顾客提出建议，她觉得很有用，就采取了"建议式销售技术"。结果，这项措施推出后，顾客们本来不打算买东西的，在提出一些合理化建议后，也会主动购买商品，销售业绩一下子提高了三分之二。

还有一次，这位女士想到吸引儿童上门，以吸引更多成年人。可是五金店内大多是枯燥的商品用具，孩子们会喜欢什么呢？她经过思索，在供应4至8岁小孩的产品堆中，多加一排小型的纸玩具。这个方法效果明显，不但吸引了更多人，还卖出去了很多玩具，为她赢得额外收入。

在这种不懈努力中，这位女士的五金店生存下来，而且在短短几年时间内将业务翻倍，连续开了几家连锁店。

不断地思索和反问，促使更多创新行动诞生，故事中的女主人公可谓创新高手。好问是创意能力的表现，一个不受"规矩"约束的人，一个勇于提问，总是想出与众不同主意的人，往往是一个创新者。

罗默尔是"新增长理论"的创始人,他认为,生活水平的提高更多地取决于创新,而不是取决于物质资本的累积。无论是微软、通用汽车,还是麦当劳、可口可乐,创新是他们的灵魂。从企业诞生的第一天起,不断地创新将他们从微小的公司一步步推上世界一流公司的行列。所以,相对于创新来说,物质资本常常显得微不足道,有些人、有些公司在面对挫折时,不去积极创新,而是幻想着"等到我们公司成长大了"、"等我有钱了"。殊不知,这些想法是公司倒闭、个人失败的根本原因,而不是发展、成功的路径。

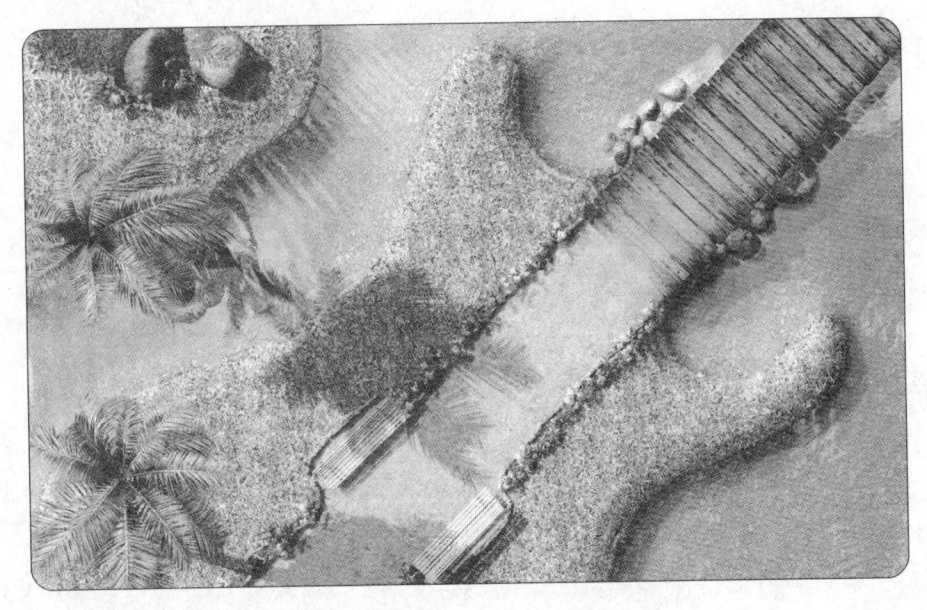

那么,创新来自哪里?为何具有如此重要的意义?

创新来自创意,要想创新,就要善于接受各种创意,丢弃"不可行"、"办不到"、"没有用"、"那很愚蠢"等消极思想。在美国,许多大企业都有一项规定:员工凡是因创新而给企业造成损失,不追究任何责任。允许犯错,为创新打开必经之门,没有犯错,也就没有创新。强生公司的信条之一就是:"你必须愿意接受失败。"从这点讲,创新来自于不断的失败。

创新还要具有实验精神。如今,高科技发展日新月异,新产品层出不穷,新服务更是花样不断翻新,要想长久地占领市场,除了创新,别无二法。这时,就需要大胆地实验精神,勇于进行新的尝试,进而有所发明、发现。在日本,有家生产吹风机的公司,他们尝试着用吹风机烘干被褥,结果发明了被褥烘干机。这是实验精神带来的成果。

另外，创新要有怀疑精神。怀疑是求新的前提，魏格纳因为看到南美洲东海岸线和非洲西海岸线的形状如此严密地凹凸咬合，怀疑它们曾连为一体，进而提出大陆漂移学说。"小疑则小进，大疑则大进"，没有怀疑，也就没有进步。沿着怀疑的道路探索，是创新的常见做法。市场竞争的核心是创新竞争，在一切都快速变化的信息时代，从习惯快速应变、怀疑现有模式，到另辟蹊径，无不是创新的体现。鼓励创新和激情，它们是经济价值的源泉，重新创造自己，赢家永远是那些大胆好奇、疯狂进取的人。

就一个具体的创新目标的实现情况来说，真正决定胜负的，则是创新者确立目标的正确和迅速实现目标时的毅力。

——朗加明

20美元钞票
展示多种创新分类

创新活动内容很广，大体可以体现在以下四个方面：① 科学发现、发明、创造、技术革新等。② 引进新产品、引用新技术、开辟新市场、控制原材料的新供应来源和实现企业的新组织。③ 泛指创造任何一种新的事物。④ 创新精神。

在一次讨论会上，一位著名的演说家登台了，他没讲一句开场白，手里却高举着一张20美元的钞票。面对会议室里的200多位听众，他问："谁要这20美元？"话音一落，一只只手举了起来。

演说家看看众人，接着说："我打算把这20美元送给你们中的一位，但在这之前，请准许我做一件事。"他说着将钞票揉成一团，然后问："谁还要？"仍有人举起手来。

他又说："那么，假如我这样做又会怎么样呢？"他把钞票扔到地上，又踏上一只脚，并且用脚碾它。在众人诧异的目光中，他捡起钞票，钞票已变得又脏又皱。他大声说："现在谁还要？"依然有人举起手来。

"朋友们，"演说家环顾四周，而后意味深长地说，"你们已经上了一堂很有意义的课。无论我如何对待那张钞票，你们还是想要它，因为它并没贬值，它依旧值20美元。人生路上，我们会无数次被自己的决定或碰到的逆境击倒、欺凌甚至碾得粉身碎骨。我们觉得自己似乎一文不值。但无论发生什么，或将要发生什么，在上帝的眼中，你们永远不会丧失价值。在他看来，肮脏或洁净，衣着齐整或不齐整，你们依然是无价之宝。"

演说家以新奇的方式给听众上了精彩的一课，这足称得上是创新之举。只要有新意，就算得上创新。1970年，美国作家普林斯在《活用创造力》一书中指出，创造力是一种不断的创新。

创造力人人有之，这是上帝赋予人类的礼物，是天赋。创新活动内容广泛，涵盖了创造和革新领域的所有内容。长久以来，人们总在争论创造和革新的区别，实际上，这两者之间没有太多差别。无论如何，创造和革新都是创造力的表现，可以体现在以下四个方面：

1. 科学发现、发明、创造、技术革新等,是科学技术上创造性成果的一种泛称。火箭是向空中发射的,但是人们要了解地底下的情况,将火箭改为向地下发射,就发明了一种探地火箭。

2. 西方经济学家熊彼得的"创新理论"中提出的一种概念,包括引进新产品、引用新技术、开辟新市场、控制原材料的新供应来源和实现企业的新组织五种情况。收音机、电视机、微机的体型变化,就是不断创新的结果。从最初体积庞大、结构复杂的机器,经过多次改革,出现了许多小型的,甚至超小型的机器,方便了人们的携带和使用。

3. 泛指创造任何一种新的事物,这种创新概念可应用于各种社会事业;没有任何事情是完全原创的,即使伟大的荷马与莎士比亚都是如此。

4. 创新精神,就是我们常说的"开拓创新"。苏黎世原来并不是一个非常有生机的城市,没有自己的品牌,缺少创新意识。透过创新,树立自己的品牌,就可以将自己的品牌效应提升上来。

创新没有优劣强弱之分,我们应该从创意精英、创造目标、创造技巧及创意产物开始,设想如何实现更多更有价值的创新。

长久以来,在人们心目中,创新就是发明创造,就是革新技术,其实创新在理论、文艺、经济和社会研究各个领域的作用也很大。比如说街舞、RAP,都是创新。就企业来讲,创新除了包括新产品、新工艺、新服务的创造和改进外,也包括新生产方式、新组织体制和新管理系统的建立和运行,还有新资源(人、才、物、信息)的开发和利用,以及新需求、新供给、新市场的开拓与占有等等。

煮一碗第一流的汤,超过绘一幅第二流的画。

——[美]马斯洛

男人穿女袜
演示创新和知识的关系

创新是创造性思维达到创造性结果的活动,它源于知识又高于知识。知识的特点是已知、已有,创新的真谛却是凡已有的都算旧的,它在旧的基础上进行新的创造。

20世纪70年代,美国男棒球明星乔·拉密士曾经为一家妇女丝袜公司做过广告,这听起来匪夷所思,可是广告取得轰动性效果,使公司的新产品"美的思"女丝袜一夜间家喻户晓,掀起购销热潮。

在这则著名的广告中,乔·拉密士双腿穿上透明女丝袜,一开始画面上只出现他的双腿。这双腿线条优美、曲线动人,让人联想到一位苗条少女的风姿。这时,画外音响起,有位动听的女性声音传来:"所有的美国女士们,我们将向您证明,'美的思'牌长筒丝袜可使任何形状的腿变得更加美丽。"同时,画面慢慢上移,牵动着观众的视线,所有人都在渴望一睹广告中模特儿的面容。

出乎意料的事发生了,这位让人为之心动的模特儿竟然是乔·拉密士,一位超级男棒球运动员,而非年轻少女! 此时,乔·拉密士一脸笑意,对着观众们说:"我并不穿女丝袜,不过,既然'美的思'丝袜能让我的腿变得如此动人,相信你穿上它,也会更加美丽。"

男人穿女袜,这个创意比女袜质量本身更具有吸引力。由此我们联想到创新与知识之间的关系。创新是创造性思维达到创造性结果的活动,它源于知识又高于知识。

知识的特点是已知、已有,它不等于能力,却是能力的基础。一个人缺少某一方面的知识,很难在某一方面有所突破。一个有所创造的人,即使未受过专门系统的教育训练,他必定在实践活动中经过自己的钻研和探索,掌握了一定的知识和经验。当初,札克不过是一个普普通通的公务员,每天按时上下班,领取固定薪水,除此之外,他唯一的爱好就是溜冰。他如此痴迷溜冰,以致到了夏天,也想到室内冰场去过过瘾。可是他的收入有限,无法满足室内冰场高额的入场费用,因此只好常常暗自叹气。有一天,当他再次来到室内冰场,看到进进出出的人群时,忽然心里一动:在鞋子底下装个轮子,不就可以在普通的路面上"溜冰"了吗?这一想法让他激动不已。经过一番钻研,他终于研制完成了第一双冰鞋,并创办了旱冰鞋(roller-skate)工厂。结果,冰鞋一经问世,立即得到来自世界各地人们的欢迎。如果札克不是个溜冰迷,不了解溜冰的有关知识,相信他也不会发明冰鞋,更不会创办旱冰鞋工厂,成就如此伟大的事业。

英国哲学家培根说:"知识就是力量。"一个人的知识经验越丰富,产生创新设想的可能性越大。创新需要思维,思维需要知识,在一定程度上,知识是创新的源泉。英国著名的生物学家达尔文创立生物进化论,就是在掌握了广泛的知识基础上取得的成就。长期以来,他自己广泛采集各式各样的生物标本,累积相关知识,并不断向他人请教有关的生物学方面的知识,经过这样艰苦的日积月累,他终于有所启发和收获,创立了伟大的生物进化论。

在实践当中,很多时候不少创意带有幻想、畅想甚至猜想的痕迹,但是这往往是创新的起始阶段,随着创新的进一步深化,必定需要相关知识来加以启发,才能最终实现。所以说,植根于科学土壤中的创意,才是揭示新的内在联系的能力,是理智地改变世界、创造未来的能力。

可是,创新的真谛却是凡已有的都算旧的,它在旧的基础上进行新的创造。创新的革命性、创造性,"是一个民族不竭的灵魂"。爱因斯坦说:"想象力比知识重要,因为知识是有限的,而想象力包括着世上一切,推动着进步,并且是知识进化的源泉。严格地说,想象力是科学研究中的实在因素。"

因此,有心理学家说:"有创造力就是说,尽可能忘掉学校里所学的东西。"毫无疑问,创意在设计我们的未来,创新比知识更珍贵。不少诺贝尔奖得主都认为自己成功的关键在于创新意识,而不是知识。被誉为"全人类的伟大梦想家"的俄国数学家康士坦丁·齐奥尔科夫斯基在1883年提出了宇宙飞船、星际空间站、"火箭列车"、"多级火箭"等创意,这就是著名的人类"星际航行三部曲"。在这一创意指导下,人类正在一步步走向太空,走向宇宙。如果没有创意,没有想象,恐怕时至今日,很多科学家都不敢梦想能够走出地球。这就是创意高于知识的伟大之处。

如今,越来越多的人注意到创新的重要性,《纽约时报》曾经推出未来10年可望梦想成真的一些科技新创意,像永远不必割草,设法培植出整齐划一的草坪等,这一活动显示出人们对于创新的渴望,对于未来的美好憧憬。

从上述分析可以看出知识和创新之间的关系,正如歌德曾经说过的:"创意是以实际为依据的'精确的幻想'。"在人类进入以科技为主导的新世纪,在创意的价值更显重要的今天,让我们明确一点:知识并不等于智能,但是它可以升华为智慧,这时就能产生创意。

> 人要是知道民众是无穷无尽的精力的源泉,是唯一能够把一切变成必然的,把一切幻想变成现实的源流——这些人才是有幸福的!
> ——[俄]高尔基

日本财阀的创新思维

创造性思维与复制性思维不同,这种思维方式是为解决实践问题而进行的具有社会价值的新颖而独特的思维活动。或者说,创新思维是以新颖独特的方式对已有信息进行加工、改造、重组,进而获得有效创意的思维活动和方法。

说起日本大阪富豪鸿池善右,他意外发明清酒,进而一举成为全国十大财阀之一的故事,长久以来,被人们广为传说。

最初,鸿池善右不过是个小商贩,他走街串巷,买卖来往,像大多数小商人一样惨淡经营着自己的生意。

可是偶然的一个机会,他的命运发生了改变。这天,由于做饭的佣人做错事,鸿池善右十分生气地批评了他。佣人不服气,认为自己没有做错,与他顶撞了几句。鸿池善右很恼怒,以从没有过的严厉态度训斥佣人。佣人很生气,夜里,他越想越气,翻来覆去睡不着觉。天快亮时,他爬起床,悄悄来到厨房,抓起火炉中的灰洒进各个酒桶里。这是鸿池贩卖的酒,当时,日本酒都是混浊的,还没有今天市面上所卖的清酒。

佣人的气消了,但也很害怕,于是慌慌张张逃走了,再也不敢回来。

再说鸿池善右,天亮时起来查看酒,惊讶地发现酒桶里的酒都变清了,桶底还有一层沉淀物。他赶忙舀起酒尝尝,发觉味道还不错,这才放心。不过,他是个细心的人,没有就此放下这件事,而是一心钻研其中的奥妙。经过他的不懈努力,他终于查到浊酒变清的原因,并制成了清酒。

只要你善于观察,勤于思考,就会发现身边的机会很多。机遇永远垂青于那些勤于思考、勇于尝试的人。世界上每天刮胡子的人何止千万,为什么他们没有什么发现,而吉利却发明了安全刀片?这就是不同思维的结果。思维方式是决定创新的根本,如果在原来的框框里兜圈子,想不到或不敢想前人没有注意的问题,永远也不会有创新。

那么,什么是创新思维?创新思维是一种以独特的方式对现有的各种资讯、资源进行创造、改变,进而获得一定社会价值的思维活动,它具有新颖性和独特性两个特征。

爱因斯坦具有如此强大的创新能力，取得世人瞩目的成就，他到底与别人有什么不同呢？对此，爱因斯坦曾经有过精彩的回答，他说："如果让一位一般人在一个干草堆里寻找一根针，那个人在找到一根针以后就会停下来，而我，则会把整个草垛掀开，把可能散落在草垛里的针全都找出来。"创造性思维让人考虑到解决问题的多个方法，不管这种方法多么不可思议，甚至微不足道。

创新思维具有实践性、求新性、价值性、战略性、社会性、系统性的特点。诺贝尔奖得主理查德·费曼在谈到自己的成功秘诀时说："我在遇到难题的时候总会萌发出新的思考方法。"他寻求新的思考方法，而不是考虑过去的人们如何思考这个问题，如何解决这个问题。这体现出创新思维的根本特色。

生活中，大多数人的思维是复制性的，缺少创新性，他们习惯以过去遇到的相似问题为基础，进行思维。比如，一个人前去应征，脑子里会想着："这么多年，我受了什么教育，学习了什么知识，怎么样用这些东西证明我的能力？"在这种想法作用下，他会做出各种应对招募的题目，寻找最有希望的方法，并不自觉排除其他很多方法。结果，他解决的问题只是证明自己拥有多少知识，而不是怎样达到招募者的要求。这种以经验为基础的方法是非常不可取的，按照惯常的思路去思考，得到的永远是惯常的东西。

创造性思维与复制性思维不同，这种思维方式的人在遇到问题时，首先想到："有多少种方法可以解答问题？""从相反的方面考虑，问题会怎么样？"他们喜欢找到多种方法，更喜欢寻找独特的、不合常规的方法。

对现代企业来讲，市场变化无穷，科技日新月异，如果经营者的思维不能适应变化，不能从新的角度和立场看待、思考各种问题，思想固化，则会僵化思维，故步自封。相反，如果能运用创造思维，就会找到尽可能多的可供选择的解决方法。IBM（国际商用机器公司）一贯对产品创新遮遮掩掩，如今开始接纳 Linux，一种开放源代码软件语言，加入到开放式创新型企业中，它把几百项软件专利献给了"创作共享"，而不是注册为自己的产品，从而生机勃勃。

"没有比深邃、阳光又照射得到、充满静谧的山谷更好的地方……心境会清澈，独创性思考事物的能力会复苏。"

——［美］亚历克斯·奥斯本

理发店女秘书
创造新市场

对企业来说，市场发展的不竭动力源于创新。积极开拓创新，促进了市场的较快发展。要发展壮大，走向成熟，必须增强创新意识，发挥自觉创新的主动性，提升自主创新的能力，不失时机地推进市场各方面的创新，为市场健康、快速、持续发展不断注入新的活力和动力。

在日本一家理发店，曾经发生过一个笑话。这天，有位顾客在理发时，突然接到公司老板的电话，要他立即将拟好的协议印出来，送到客户的公司去。

不巧的是，当时天降大雨，而顾客的头发只理了一半。面对此情此景，顾客十分焦急，日本人特别注重办事效率，如果他不能按时送达协议，恐怕会带来难以预料的后果。

经过激烈的挣扎，顾客选择了工作，顶着阴阳头，冒着大雨出门了。

此事一时引起轰动，成为人们茶余饭后的话题。所谓说者无心，听者有意，理发店的老板却从这件事中受到了启发，他想，有没有办法既能满足顾客理发的需求，又能帮助他完成工作任务，提高工作效率，不至于如此狼狈呢？很快，一个新的服务项目在理发店诞生了：出租女秘书。

理发店雇用了六位协助工作的助手，分别是日英文打字员、翻译、办理贸易手续的专家和两位办理档案的女秘书。他们在顾客理发时，可以完成相关的业务，让顾客在理发时也能办公。

结果，这项业务推出后大受欢迎，那些忙于工作的顾客们纷纷上门，他们说："来此理发，不仅是一个很好的放松机会，而且还可以实时处理手上的工作，真是一举两得的好事。"

理发店依靠这项特色服务，生意兴隆，营业额成倍增长，广为人们推崇。

这家理发店依靠特色服务开拓了一块新市场，这种创新价值非凡。新经济时代有句名言："好的公司是满足需求，伟大的公司是创造市场。"美国人首次登月成功，体现出他们伟大的创意能力。在阿波罗登月计划中，所用的技术、设备很多来自日本和德国,但是后者没有创造市场的眼光和意识,结果美国人捷足先登。这说明美国人善于进行创新发明,善于开创新市场。

对企业来说,市场发展的不竭动力源于创新。积极开拓创新,促进了市场的较快发展。要发展壮大,走向成熟,必须增强创新意识,发挥自觉创新的主动性,提升自主创新的能力,不失时机地推进市场各方面的创新,为市场健康、快速、持续发展不断注入新的活力和动力。

市场创新,可以从产品创新入手,透过建构创新体系,重点整合、优化创新资源,进而完善创新机制,建立健全创新活动运作流程。"胖人饭店"就是创新的典型案例。克林克看到肥胖人士越来越多,但他们在社会上受到歧视和遗忘,于是萌发开设胖人饭店的念头,为胖子们排忧解难。胖人饭店专为肥胖人士服务,菜单的设计别具匠心,用不同的颜色标明食品所含的营养物质和热量,让人一目了然。饭店开业后,收益颇为可观。

在市场创新中,目的在于创造更大更强的市场,提高生产效率,进而发展壮大公司。这一过程中,完善功能是其核心任务。

如何完善功能,可以透过以下几点加以实现:

1. 强化市场基本功能。

每家公司都有自己独特的市场比例,在创新市场时,首先需要完善市场主体结构,保证市场的一定规模,这样一来,既可以提高市场稳定性,规避隐藏的各种风险,还可以为有效地进行下一步市场开拓创造更好的条件。

2. 明白进步本身就是一种收获。

对于公司来说,不管产品多少,进步本身就是其最重要的一项产品。为了激励员工,通用电器公司一直使用这样的口号:"'最大的成功'都是保留给具有'我能把事情做得更好'的态度的人。"每位员工都可以不断寻求增进效率的各种方法,降低成本,以较少的精力做更多的事,为公司带来更高回报。谁说这不是一块崭新的市场呢?

3. 想办法增加额外功能。

增加额外功能,获取额外收入,也许是市场创新中最明显的一块蛋糕。在制造这一蛋糕时,需要充分调动各种因素,在现有基础上,进行多方位地延伸和开发,进而逐步扩展和强化市场,实现市场功能多元化。

> 成功的经营策略并非得自冷酷的分析,而是得自一种特殊的心态……见识和由此而产生的成就驱动力,从引发一种基本上是创造性的、直觉的,而不是理性的思考程序。
> ——[日]大前研一

不讲理的随身听
属于科技创新

科技创新的成果必须是前所未有的。这种新颖性表现在功能、构造和技术多方面。科技创新的成果必须有益于社会进步,能够带来经济效益和社会效益。

如今,可携式随身听是生活中司空见惯的东西,自从它面世后,经过不断改良,体积越来越小。说起这段改良历史,有一个故事令人感慨万千。

当时,发明可携式随身听的新力公司为了适应人们需求,决定继续进行改进,把随身听的体积缩到更小,更方便顾客携带。这项任务交给了副总裁高条静雄先生。

高条先生接到任务后,提出把随身听缩小到磁带盒大小的目标。面对这一艰巨的研究任务,研发部门的人员做了许多尝试,却始终无所收获。最后,许多人都灰心了,他们无奈地对高条先生说:"随身听里已经没有一点点空间了,再也没法缩小了。"

听了这话,高条先生反问一句:"真的一点空间都没有了?"

"真的再没有一点点空间了。"几乎所有人都这么回答。

高条先生没说什么,他转身拿来一桶水,对研发人员说了一段话,他要将随身听放到水桶里,如果没有气泡冒出来,说明确实没有任何空间了,但如果有气泡出来,说明里面还有空间。然后,他当着众人的面将随身听放进水桶中。

当然,水桶里冒出了气泡。大家见此情景,谁也不再说什么,只有默默承认随身听里还有可以开发的空间,于是,他们丢下抱怨,继续绞尽脑汁进行技术攻关。最终,像磁带盒一样大小的随身听终于研制成功,推向市场。

这则生动的小故事告诉我们:对于创新来说,讲道理反而不如不讲理,原因在于道理是约定俗成的东西,会限制创新思维和方式。不讲理就是勇于否定现有的一切,积极寻求新的思维和途径,这在科技创新中表现得最突出。

科技创新,是指科技领域内的新技术、新发明等。科技创新的成果必须是前所未有的。这种新颖性表现在功能、构造和技术多方面。比如1879年,爱迪生发明了白炽灯,是一项大发明。1901年,法国发明家克劳特根据莫尔的实验,在抽掉空气的玻璃灯管中,改用充氖、氩、氦各种惰性气体进行实验,进而发明了"霓虹灯"。霓虹灯也是电灯,但它同白炽灯相比,有新颖之处,因此是一项创新。

科技创新的成果必须有益于社会进步,能够带来经济效益和社会效益。白炽灯给人们带来光明,第二次世界大战后,作为新的照明灯具迅速进入家庭、学校、工厂、医院等,取代了煤油灯。

从科技创新的特点来看,进行科技创新需要注意以下几点:

1. 勇于否定原来的一切。

科技创新是一项挑战极限的活动,是以前没有先例的,也就无法用逻辑证明。如果拘于常理,困守逻辑思维,就不能产生创新。没有彭加勒的错误猜想,贝克勒就不会想到发磷光的物质。所以说,正是这种不拘常理的挑战极限,才产生了真正的创新。

2. 满怀热情和兴趣。

黑格尔说:"要是没有热情,世界上任何伟大事业都不会成功。"所有个人行为的动力,都要透过他的头脑,转变为他的愿望,才能使之付诸行动。好奇心是创新的最大动力,引导和培养好奇心理,是唤起创新意识的起点和基础。"兴趣是最好的老师。"只有兴趣才能使一个人自觉地、主动地、竭尽全力去观察问题、思考问题、探究问题,并对问题进行分析比较,寻求答案,这是创新的营养。

3. 从对立的角度思考问题。

科技创新人员不能从科技本身考虑,而要从服务的对象入手,这就是消费者。消费者为什么需要这种产品?他们希望产品是什么样子的?做出哪些改进?与科技人员相反,消费者永远不会也不去了解产品的技术核心,他们只是期望自己的需求得到满足。对科技人员来讲,消费者的很多需求是"不合理"的,是超出"常规"的,这时,"不讲理"就成为创新的一大法则。

4. 开拓视野,收集多方面信息。

无数的进步与创造,源于创造者在不同的领域都拥有丰富的知识和经验。瑞士工程师德梅斯特拉知识渊博,擅长观察。有一次他在树林散步时,裤子上沾满了许多带刺的小果子。他很好奇,用显微镜观察这些小果子,发现它们的芒刺上有许多小钩,钩住了布料纤维的环。根据这一现象,他研制了人造"钩环扣"。

5. 拥有专业知识,像内行一样行动。

科技创新是专业性很强的活动,必须脚踏实地地行动才能有所成就。1895年,物理学家伦琴偶然在阴极射线放电管附近放了一包密封在黑纸里的、未曾显影的照相底片,当他把底片显影时,发觉它已走光了。对于一个非专业人士来讲,他会说:"这次走光了,下次放远一些就得啦!"可是伦琴是专家,他认真地研究,发现这一定有某种射线在起作用,并给它取了一个名字叫 x 射线。

> 想象力比知识更重要,因为知识是有限的,而想象力概括着世界的一切,推动着进步,并且是知识进化的源泉。严格地说,想象力是科学研究的实在因素。
> ——爱因斯坦

一位心理学生发现
创新不是专家的特权

Pro-Am 是"professional-amateur"的缩写,指专业人士(professional)和业余爱好者(amateur)的组合——专业的业余人士。面对业余创新的蓬勃发展,经济学家提出"用户革命"概念。更有专家声称,如今人类社会正从一个大规模生产时代进入到一个大规模创新时代。

韩国泛业汽车公司的总裁在年轻时,曾经到英国攻读心理学。在学习期间,他常常到学校的咖啡厅小坐,在那里,他见到了当时世界上许多顶级成功人士,像诺贝尔奖得主、某领域学术权威等。他从这些人的聊天中发现一个奇怪的现象,他们把自己的成功都看得非常自然,认为是顺理成章的事情。这让他大惑不解,因为在韩国,人们总是强调成功多么艰辛、多么不易,往往会吓退那些追随者。

两种截然不同的现象令他十分不解,他决定研究一下这个课题,看看到底哪种现象更为准确,值得世人效仿。经过几年努力,他完成了《成功并不像你想的那么难》一文,认为韩国的成功者过于强调成功之难,不过是为了吓唬那些还没有成功的人,他们的话并不可信。他将这篇文章提交给了自己的导师——现代经济心理学的创始人威尔·布雷登教授。

布雷登教授读了论文后,极为惊喜,因为文中提到的问题是一个普遍现象,只不过以前的人们还没有予以发现总结。于是,他将其推荐给了自己的老同学——韩国总统朴正熙,对他说:"我不敢说这部著作对你有多大的帮助,但我敢肯定它比你的任何一个政令都能产生震动。"

结果,这篇论文在韩国印刷出版,立即成为畅销读物。数万人从此书中获益匪浅,他们真正理解了成功的涵义,并极大地改变了观念,不再以吃苦受罪为成功的标志,而是从兴趣入手,持之以恒。因为,"上帝赋予你的时间和智慧够你圆满做完一件事情"。这本书成为韩国经济起飞的助力器,推动了韩国发展。

故事中,韩国学生的创新发现告诉人们,创新不是专家的特权,它存在于普通大众之间。从认识的角度来说,创新就是更有广度、更有深度地观察和思考这个世界；从实践的角度说，创新就是能将这种认识作为一种日常习惯贯穿生活、工作与学习的每一个细节中，所以创新是无限的。

进入新世纪，创新开启了另一扇大门，从专业人员的高台走进千家万户，Pro-Am正在迅速崛起。Pro-Am是"professional-amateur"的缩写，指专业人士（professional）和业余爱好者（amateur）的组合——专业的业余人士。有一个事例可以说明这个问题。Linux系统成为微软在计算机操作系统最大的对手。因为Linux系统免费使用，由大约14万名计算机用户共同开发成功。这些人中，除了骨干力量是大约2 000名计算机程序师外，其余全是非专业人才。

真正的创新是解决问题而不是显示本领，具有高智力的人未必就具有创造力。实验证明，许多智力很高的人并没有突出的创造表现，而一些创造性超强的人才，智商却很平常。事实上，很多伟大的创造性天才，拒绝接受无用的教条与正规教育形成的规范，他们不受常规制约。

1982年，第一辆山地自行车诞生，它的发明者竟是美国加州一群年轻车迷。他们因为没有合适的赛车参加登山运动而感到沮丧。于是，他们把普通自行车上沉重的框架、赛车上的传动装置、低压轮胎和摩托车的刹车系统组合在一起，结果促发了山地自行车的诞生。此后，山地自行车成为自行车厂商大规模生产的主流产品。2000年，山地自行车的销售量占了美国市场自行车销售总额的65%，销售额达到580亿美元。这个全新的产品类别和它所带来的生活方式，不是来自自行车生产商和设计师等专业人才，而是来自它的用户。

创新不是什么人的专利，在高科技的社会里，普通大众也负有责任。他们视野开阔，涉及面广，正在触及创新的每个领域。饶舌乐（Rap）的诞生就是一般人的创造果实。20多年前，有些美国黑人青年喜欢在家录制以饶舌乐为主的音乐带，并互相交流。结果这种音乐很快引起人们的共鸣，最终成为英美当代乐坛的代表力量。

今天,"用户革命"的概念已经提出,普通大众参与到创造发明的行列,并逐渐成为中坚力量。维基百科,是一个完全开放式的免费的网上百科全书,对于它的编辑修改,已不再是专业人才的专利,任何不怀恶意的人都可以进行,所以,维基百科发展迅猛,如今已拥有105种语言版本,共有130万个词条。

大规模的生产时代正在成为过去,一个大规模创新时代正在到来。这种形式下,专业人士褪去了神秘的光环,平民化运动此起彼伏,为社会和人类带来了更为巨大的改观,由用户、普通群体参与开发的产品、服务,以更具有实用性、更具有娱乐性而大受欢迎。

> 创造性是每一个作为人类的一员都具有的天赋潜能,它和心理健康的发展密切相关,在心理健康发展的条件下,人人都可以表现出创造性。
> ——[美]马斯洛

从燃烧的氧化理论到创新的理解误区

创新具有偶然性,但并非侥幸。实际上,创新的目标在于解决普遍问题,在于满足大多数人的需求,一个古怪的想法,一身奇装异服,绝非创新。

我们知道,物体只有在有氧气的环境下才会燃烧,这一科学发现是18世纪化学家拉瓦锡的重要学术成果之一,是化学史上的一次革命。可是,最初发现氧气能够助燃的人并不是他,而是一位叫普列斯特列的人。

普列斯特列从事科研工作。1774年,他在给氧化汞加热时,分解出了一种纯粹气体,可以促使物体燃烧。这一现象并没有引起他更深入地思索,相反,他从当时常规的权威理论出发,认为这也是一种燃素,就草草地下了结论。

不久,当他带着自己的实验来到法国时,立即引起拉瓦锡的好奇,他重新进行实验,并大胆地假设,认为这种气体绝非以往人们所说的"燃素",于是他透过多次实验和不断思索,终于建立了燃烧的氧化理论。

故事中两位人物的命运告诉我们,对于创新问题,有些人可以轻而易举地收获颇丰,而有些人在有了创新时,依然看不到其中的价值,白白浪费很多机会。

这是怎么回事?围绕创新问题,困惑诸多,人们研究发现,主要原因在于对创新的理解存在很多误区。

1. 大多数人没有创新的愿望,认为创新是个别人的行为。

大多数人以为,创新属于"第一个吃螃蟹的人",与自己无关。其实,创新源于普通大众,他们才是保障创新的根基。拿企业来说,个别人的创新会产生巨大效益,但如果把他当作救命稻草,则是不可取的。阿里·德赫斯(Arie de Geus)在《活生生的公司》中写道:"我们通常将企业看成是一台赚钱的机器而不是有血有肉的组织,结果,我们将人看成是满足企业需求的一种被动的、等待被开发的'人力资源'。"他一针见血地指出了依赖个人造成的危害。一个公司,一家企业,应该是灵活的整体,会敏捷地应对出现的各种问题,只有这样,它才具有普遍创新思维的能力,高效地运作。

2. 创新就是标新立异,就是一些稀奇古怪的思想和做法。

有的人凡事都冠以"创新",用表面形式把创新变成"创形";还有些人认为创新是不合常规的古怪之思、之为,是那些古怪者、疯子或者异类才具备的能力。创新并非一定是古怪的东西,创新在于新奇,在于与众不同,却不一定古怪难懂。创新的目标在于解决普遍问题,在于满足大多数人的需求,一身奇装异服,一个古怪的举止,绝非创新。

3. 创新必须从"大"上下工夫,一般人难以企及。

谈到创新,很多人立刻想到大科学家、大技术革新、大变革等,在他们看来,创新是投资大、规模大、气势大的行为。其实,创新的实践意义在于,作为一种日常习惯贯穿生活、工作与学习的每一个细节中,所以创新是无限的,是无所不包的。很多时候,创新都是来自于小细节,或者一些小灵感。一位厨师工作前会到院子里走一走,因为他能够从自然环境中得到启发,想象新的味道、新的色彩。

4. 创新是偶尔为之的事情。

我们看到了莫扎特的天赋异禀,却忽略了在他12岁时双手手指因为长时间的练习而变形的事实。"人们都以为我的创作是信手拈来、毫不费吹灰之力,没有人知道我在创作一首曲子时投入了多少的精神与时间,一次又一次的揣摩大师的作品。"莫扎特在给好友的一封信上说道。创新具有偶然性,但并非侥幸。爱迪生早就说过一句话:"我做的任何一件有价值的事情都非偶然,我所有的发明创造也并非出于巧合,而是来自于辛勤的工作。"他为了发现白炽灯的灯丝,试验了999种材料,在失败面前,他没有放弃,而是继续尝试,结果他找到了钨丝,进而改变了人类生活的历史。

> 不断变革创新,就会充满青春活力;否则,就可能会变得僵化。
> ——[德]歌德

聪明的宋国人
懂得将创新商业化

创新过程犹如人生，有着太多不确定性，再好的构思也不一定转变成商业价值。从技术到商业战略，是创新的最大挑战。很多企业不懂得技术创新过程的内涵，一旦有了好构思，就不惜投入大量人力物力，结果往往造成极大损失而毫无收获。

春秋时期，宋国有个人，家里有专门治疗手足冻裂的祖传秘方。这件事情被一位聪明的先生听说了，他灵机一动，花高价去购买这个秘方。拥有秘方的人见到大把金钱，十分高兴地同意了。

那位先生拿到秘方后，没有开设医馆治疗普通病人，而是直接去见国君，要求奉献秘方。原来，当时宋国经常与邻国交战，一到冬天，由于气候严寒，将士们的手都冻坏了，连兵器都拿不动，怎么作战？因此屡屡失败。

宋国国君见到秘方后，格外欣喜，连忙派人按照秘方配制药物，为将士敷用。结果，将士们用了药物后，手脚复原，再也不会冻伤，一口气打败了敌军。

那位先生献方有功，宋国国君不但奖赏给他土地，还封他为侯，于是，他鱼跃龙门，名利双收。

有秘方不一定有收获，有创意不一定有成果，这个故事说明，将好的构思转化成商业价值，是创新的最大挑战。

很多时候，有些公司在有了好构思、好想法后，就匆忙地进行投资，或者下力气进行创新，可是结果往往不尽如人意，造成极大损失而毫无收获。德国拜耳医药集团就是十分理解创新过程真实涵义的公司，他们的研发部总经理主要职责就是设计、控制和管理产品创新过程，使其更有利于商业战略运作。

所以，有了想法之后，还要明确创新过程的内涵，使其一步步转化为商业价

值。有了某项技术突破,并非实现了技术应用,如何将创新商业化,需要付出更大的努力。常见的创新商业化模式有几下几种:

1. 与需求密切结合的模式。

对创新进行冷静而细致的分析,了解清楚自己的创意是否独具匠心,有没有强大的市场需求,是否具有可操作性。3M 公司开发 HFE,以替代 CFC 和其他破坏臭氧的物质,这是由于为保护臭氧层,环保当局禁止使用 CFC。这是十分明确地针对某种客户需要进行的创新。

2. 以解决问题为目的的模式。

在技术创新中,往往存在为了解决问题而产生的创新。为了解决笔记型电脑电池供电时间太短的问题,大部分人认为从延长笔记型电池寿命入手,可是效果不佳。这时,3M 的研究人员独辟蹊径,他们从减少计算机用电量入手,发明了一种亮度增强薄膜。这种薄膜能够提高计算机显示器的亮度,进而降低显示器用电量。这就是以解决问题为目的,产生商业价值的技术创新模式。

3. 不为市场左右的创新。

新力公司描述创新时说:"我们不为新产品做市场研究。"计算机刚出现时,权威机构分析整个美国只需要几十台。如果照此发展,哪有今天的计算机市场。只有特别眼光的创新领先者,才能成为产业领袖。还有静电复印技术,它诞生之初,因为与正常行为差异太大,一开始让人难以接受。这类创新面向或满足那些人们还没有提出来的需要,进而超出了客户的现有需求,不适合常规的营销管理方法。

独辟蹊径才能创造出伟大的业绩,在街道上挤来挤去不会有所作为。

——[英]布莱克

一人兼两职的年轻经理富有创新精神

创新精神是指要具有能够综合运用已有的知识、信息、技能和方法，提出新方法、新观点的思维能力和进行发明创造、改革、革新的意志、信心、勇气和智慧。包括创新意识、创新兴趣、创新胆量、创新决心，以及相关的思维活动。

有家银行，因为一位经理突然离职，总经理只好从现有人员中选拔人才暂时顶替这一职位。可是，他先后问了两位经理，他们都以自己的工作已经很重了为由，表示不愿承担更多责任。于是总经理找到了第三位经理，对他言明了情况。

这位经理年纪很轻，他认为拒绝新的挑战并不明智，因此当场答应了总经理的要求。

可是，当他走出总经理的办公室，回到自己的工作职位时，就有些为难了。毕竟自己的工作任务已经很重，每时每刻都很忙碌，而现在要面对两份工作，怎么样才能两者兼顾，不至于顾此失彼呢？

他没有焦躁和退缩，而是冷静地思考，准备从提高工作效率入手。为此，他开始飞快地写下每一个想法，并从中进行筛选研究。终于，他有办法了，他跟秘书订出一个规定：把所有的常规工作，比如例行电话、客户拜访都集中在某一个时间；将一般的例行工作，像会议，减少三分之一的时间；另外，他每天只有一次集中对秘书口述任务，并由秘书分担一部分花费时间较多的细致工作。

接下来，他严格按照规定做事，发现效果十分显著。在同样的时间内，他处理的电话多了一倍，开会的次数多出一半，而这一切做起来得心应手，毫不困难。这不由让他感慨自己从前做事多么散漫，效率多么低下。

不久，总经理再次请他到了自己的办公室，对他说："我一直在寻觅人才，接替那位离职经理的工作，可是都不理想。昨天在主管例会上，我提出由你身兼两职，同时负责两个部门，会议通过了。当然，你的薪水会大幅提高，职位也会提升。"

年轻经理将不可能变为可能，体现出勇于进取的创新精神。当今世界，一切经济价值和战略实力都来自于创新，怎样才能打开创新之门，恐怕应该从获取创新精神开始。

创新精神是一种勇于冒险的精神，也是一种善用智慧的精神。它是在现有一切的基础上不断进取、勇于改变的意志和信心。包括创新意识、创新兴趣、创新胆量、创新决心，以及相关的思维活动。

首先，创新精神是打破原来的条条框框，创立新模式的精神。这需要有勇气抛弃旧的一切，并积极寻求新的方法、新的途径；这需要勇于质疑书本和权威，否定从前，改变过去。

"杰拉德·卡斯帕尔教授，你错了！"美国斯坦福大学荣誉校长杰拉德·卡斯帕尔，在给本科一年级学生上课时，学生们经常这样提醒他，但这正是他最高兴的地方。"学生们的天真让我意识到我的理解并不全面，然后再把讲义重写一遍。创新就要靠这种质疑的勇气。"

其次，创新精神是坚持独立思考，不人云亦云的精神。创新精神强烈的人，个性大都非常强烈。许多人成功了，可是其他人按照他的行为去做，却一无所获，原因在于两人具有完全不同的个性。做一个自信的叛逆者，怀疑一切，比多读书、多思索，更具有创新意识。很多知名百年公司都重视独立思考的创新精神，像松下电器、IBM、英特尔、柯达，他们将此作为企业文化置入企业当中，激励每个员工的创新能力。

还有，创新精神是积极进取、为团队服务的精神。由盖洛普公司的马库斯·白金汉与唐纳德·克利夫顿合著的《现在，发现你的优势》中，把优势分解为隐性能力、知识和技能，隐性能力被描述为"一种特殊的天生能力或悟性"。隐性能力为创新服务，可以表现为积极的创新精神。

以拥有四大发明而骄傲的中国，从明末以后，科技发明远远落后于他国。英国科学史学者李约瑟在分析这一现象时认为，中国需要创新精神，需要发明家。如何形成不畏风险、勇猛精进的良好氛围，是营造创新向上的开拓性文化的基础。

最后，创新精神是专心工作、埋头苦干的精神。拍立得经理兰德谈到发明60秒照相技术时说："专心工作很长一段时间。在这个时候，一种本能的反应似乎就出现了。在你的潜意识里容纳了这么多可变的因素，你不能容许被打断。如果你被打断了，你可能要花上一年的时间才能重建这段时间打下的基础。"

每个人都是潜在的发明家，人人都能有创造性思维，激发创新精神，会让你梦想成真。

创新是企业家的具体工具，也就是他们藉以利用变化作为开创一种新的实业和一项新的服务的机会的手段。

——［美］彼得·杜拉克

如何将鸭子培养成老鹰

组织的目的只有一个,就是使平凡的人能够做出不平凡的事。如何让每个人直接面对市场,也就是让每一个人都像老板一样,都像经营者,自己来经营他自己,来发挥他最大的创造力。

鸭子和老鹰相遇了,鸭子嘎嘎叫着:"你和我长得真像,咱们是同一种动物。"

老鹰瞅瞅它,不以为然地说:"咱们虽然看着相似,实则是完全不同的动物。"

鸭子继续嘎嘎叫着说:"对啊,我会游泳,你不会。"说完一头埋进水里,快活地游走了。

老鹰望着它,叹气说:"我不会嘎嘎叫,也不会游泳,但我会盘旋空中,俯视大地,以最快的速度捕捉猎物。"

鸭子在水面上游荡着,根本没有听到老鹰的话,在它的生活中,嘎嘎叫就是全部,除此之外,几乎没有任何欲望和能力去争取什么啦。

此时,有位猎人赶来,准备捕捉老鹰和鸭子。老鹰敏感地感觉到危险,跃上高空飞走了;而鸭子,在嘎嘎高叫声中,被猎人捕获。

在生活中,像鸭子的人比比皆是,而像老鹰的人却十分少见。

老鹰和鸭子,存在于每个人的身边,也存在于每家公司中。任何一位总裁都想拥有像老鹰而不是鸭子的超能力员工。这不仅需要会识货,还需要总裁懂得培养人才之术,将鸭子培养成老鹰。

作为总裁,首先需要明确一点:让员工分担压力,会激发他们更大的积极性和创造力。一个优秀的老板,并非将压力全部担在自己肩上,相反,他总是让员工分担一定的压力,让他们参与管理,让他们能主动地认识到公司的困难,并积极想办法去创新,去解决问题。

让员工分担压力,不是推卸责任,也不是消极怠惰,恰恰是一种积极思维的表现,是一种有效管理的手段。当一个公司的每位员工都能开动脑筋,将自己与市场紧密结合时,他们会产生许许多多有用的、具体的、操作性强的想法,这些想法自然为公司带来无穷无尽的利益。

因此,只有当员工像经营自己的公司一样工作时,这家公司才具有最大的效率,这样的员工也会最大限度地发挥自己的才干,成为老鹰一样巡视天下的人才。

另外,身为总裁,还要清楚员工们对于实现自身价值的渴望之情。每个人都想成功,都想活得有价值,都想实现自己的理想,作为总裁如果深入了解员工们的内心渴望,就会提供让他们实现自我的机会和场所。美国管理之父杜拉克有句名言:"组织的目的只有一个,就是使平凡的人能够做出不平凡的事。"看来,总裁为员工带来的不仅是薪水,还有更了不起的东西。因此,总裁要为员工们创造条件,好让他们能够像雄鹰一样飞上高空。

全球著名的重大件货物空运物流服务供货商Emery Forwarding曾经推出网上"继续教育解决方案",为在职人员提供国际贸易培训教程。这一做法无疑为员工创造了学习机会,为他们实现自我创造了条件。

还有,总裁应该将创新作为公司永恒的课题。企业的核心内容是创新,一个总裁在自己认识到这一问题时,也要努力将之形成一种文化氛围,鼓励积极向上、不畏艰险的奋斗精神,进而为公司成长培育一块沃土良田,让每位员工都能健康、茁壮地成长。这是公司长盛不衰的法宝,也是员工能够不断进步的保障。

同时,一位优秀的总裁,还要擅长集合群体的智能,团结一切可以团结的人才,发挥协作精神,为公司的创新和发展提供源源不断的精神动力。国外有种企业文化理念认为,企业中每个人是利益最大化的经济主体。比如在信息化的时代,因特网的广泛应用,你所知道的信息,别人也都能知道,所有的信息都是对称的,只有速度制胜才能占领市场。谁能最快满足用户需求谁就赢得了市场。因此,总裁只有把创新的基因渗入到每个员工当中去,调动每位员工的积极性,让他们与市场、与公司紧密结合在一起,才能真正体现出每位员工的能量。

非经自己努力所得的创新,就不是真正的创新。
——[日]松下幸之助

马蝇叮咬的创新人才

创新人才一般具有以下特征：创新性思维、求知欲旺盛、富于挑战、勇于怀疑；否定前人，具有强烈的事业心、责任心。青年时期是创新思维最活跃、精力最充沛、创造欲最旺盛的高峰时期，科学家的创造高峰期一般在 25～50 岁之间。

　　林肯年轻时在家务农，经常与弟弟一起耕田。有一次，林肯赶马，弟弟扶着犁，可是那匹马非常懒惰，走得特别慢，整整一上午也没有耕多少地。就在兄弟两人焦急时，那匹马突然飞跑起来，速度出奇地快。这让林肯十分好奇，到了地头时，他检查马匹，发现它身上叮着一只大马蝇，就挥手将之赶跑了。

　　他弟弟见此，急忙阻拦说："你怎么把它撵走了？！只有马蝇叮着，马才会跑得快啊！"

　　从这件事中，林肯受到很多启发。后来，他获得总统候选人提名，有位内阁成员依旧不肯死心，试图与他竞争。这时，有人提醒林肯要防备那位成员，可以罢免他的职务，以防他暗中捣乱。

　　这让林肯想到了马蝇的故事，因此他没有罢免那位内阁成员，反而说："如果他有意竞选总统，这就好比马蝇叮着的马，会更有效率地完成工作，为什么要轰走他呢？"

　　马蝇的叮咬让马跑得更快。新经济时代，创新已成为主旋律，一些企业藉此形成了自己的人才观，不断发掘和培养创新人才。实践证明，创新必须依靠人才，但创新人才应该是具备哪些素质的人呢？

　　首先，创新人才是具有强烈创新意识的人。勇于进取、不怕失败，是创新人才的基本特征之一，对他们来说，失败不是耻辱，不创新

才是最大的耻辱。创新人才往往注重的不是自己公司的名气、职业的高低贵贱，而是自己职业领域中的突破。

其次，创新人才富于挑战，勇于质疑。福特兄弟梦想"人类也能像鸟一样飞翔"，经过多次试验，发明了飞机；戴维·H.克罗克幻想"会飞的邮件"，促使电子邮件的诞生。突破旧规，寻求新思路和方法，并勇于尝试，是创新人才特征。他们对所遇到的问题好奇心特强，好问、好否定前人，对费解的问题引起兴趣，好打破沙锅问到底，对所研究的对象从热爱以至入迷，最终发展到具有强烈的事业心、责任心，自觉地为国家和人类的伟大科技奋斗不息。

第三，想象力丰富，触类旁通，兴趣广泛，求知欲旺盛，无不是创新人才的特征。消毒奶瓶的发明证明了这一问题。马利特带着妻子幼儿出游，却忘记为孩子带奶瓶了，当他从附近商店买了一个新奶瓶时，不得不为消毒之事犯愁。刹那间，生产消毒奶瓶的念头浮上脑海，这让他十分兴奋。后来经过不断研究，他终于推出了一种可回收的消毒奶瓶。产品上市后大受欢迎，很快销往世界各地。

> 现今的美国经济之所以如此强盛，是因为企业能够变革、学习、调整和摆脱不再适用的陈旧模式。
>
> ——[美]保罗·阿莱尔

一堆朽木打开的创新之门

企业不能只靠机遇赚钱，也不能只靠资本赚钱，创业最重要的是创新精神，是整合有限资本、带来无限创意的能力。服务创新是能力资源整合的有效途径。

澳大利亚的某处政府为了重建城市，下令居民们挖出400多年前欧洲移民用于圈地的朽木。结果，这些朽木挖出后，像垃圾一样堆积在了各家各户门前，很长时间也没有合适的处理措施。

恰在这时，一个美国旅行团到澳大利亚旅游，飞机降落时，有位乘客注意到了当地居民家门前的情况，他很好奇，就过去仔细探看。居民们告诉他："这是几百年前的东西了，堆在这里很久了，也没法处理掉。"

这位旅客善动脑筋，他手里拿着一块朽木，立即意识到其中暗藏着巨大的商业价值。经过一番思考，他想将朽木处理加工成工艺品，肯定会受到欧洲人青睐。于是，他赶紧与当地居民们协商，对他们说："我想为你们处理掉这些朽木，你们同意吗？"

居民们很高兴，齐声表示："太好了，只要能将它们弄走，我们就很感激。"

旅客不费分文获得了一堆堆朽木，然后，他公开招标，让木器加工厂将朽木制作成各种工艺品。在工艺品制作过程中，他来到欧洲，在各国召开销售订货。商人们对此商品颇感兴趣，所有产品被订购一空。就这样，这位旅客赚了一千多万美元。

这位美国人化腐朽为神奇的故事，不仅得益于他出奇制胜的点子，更在于他整合资源的非凡能力。从这一故事中我们看出，创业能否成功，从一定程度上讲，

不在于资源多少,而取决于利用、整合各种资源的能力和水平。资源整合是企业战略调整的手段,也是企业经营管理的日常工作。整合就是要优化资源配置,就是要有进有退、有取有舍,就是要获得整体的最优成效。

每一个人都会透过学校学习、社会实践或者他人指教,获得一定的工作生活经验,但是这些并不能体现他的个人特色。往往在掌握传统或常规的工作方法和经验之外,每个人都具有与众不同的独特之处。这才是一个人能够成功的关键因素。这一因素的具体表现就是创新能力,体现在企业管理中,这一能力就是资源整合的本领。比如营销,有些人在传统营销方法之外,结合网络时代特征,发挥网络的强大功能去结识潜在客户、进行网络教育,都会获得更有效的工作方式和方法。由此可见,善于思维和创新,积极整合各种资源,无疑是寻求成功的快捷方式。

企业创业,也要勇于走出经验误区,积极整合资源,捕捉市场机会。如果问在一个盛满水的杯子里还能不能添加东西,最普遍的回答是不行,也许少数别出心裁者会想到加入光线、味精、海绵等。但实验证明,继续加进两盒回纹针和若干枚硬币,杯口的水仍然没有一滴溢出。

企业中,服务创新是能力资源整合的有效途径。FedEX与柯达公司合作,在快速冲洗店内推出"自助服务专柜"业务,将联邦快递的空运提单、商业发票和包装等储备在专柜内,方便了客户投寄快递档。

在全球迷信技术的时代,很多人将技术当成推动一切创新的模式,这种做法因为严重缺乏市场导向而导致商业上的失败。施乐公司就是典型一例,他们的PARC实验室是世界IT技术的领先者,但施乐却几乎为IT创新所击垮。

所以,打开创新之门,进行资源整合,取得 1 + 1 > 2 的效果,才是现代企业发展的不竭动力。

生存的第一定律是:没有什么比昨天的成功更加危险。

——[美]托夫勒

60秒照相术
从发明到销售的创新过程

企业创新的基本程序:信息→设想→研究→观念成果→设计→实施→实体成果。

60秒照相术的发明来自于一句不耐烦的问话。

1947年,拍立得公司董事长兰德为女儿照相时,女儿不耐烦地问:"什么时候可以见到照片?"这提醒兰德应该加快冲洗速度,让顾客更快看到照片。

由此,兰德投入到快速冲洗研究中,并以6个月的时间解决了基本问题。使得冲洗照片的速度,从过去的几天缩短为一两分钟。这一发明过程如此神速,令人惊诧,就连兰德的助手也说:"即使100个博士,10年间毫不间断地工作,也没有办法重演兰德的成绩。"

然而,兰德却深信人的创造能力具有无穷的发展空间,并将这种能力扩展到了销售领域。

60秒相机诞生之初,为了推销产品,兰德想了很多办法,请来了哈佛大学商业学院的市场教授、专家,一起研讨对策,有一阵子还想采取上门推销的方式。可是,这些方法都不能令人满意,就在这时,何拉·布茨出现了。

布茨是位销售行家,他一见60秒照相机立即狂热起来。兰德力邀他加入了公司,并委任他为总经理。布茨不负所托,以极高的才华替拍立得带来响亮的名气。他在美国各大城市选上一家百货公司,给他们30天推销60秒照相机的专卖时间,条件是百货公司要在报纸上大做广告,宣传相机。

结果,当第一家百货公司推出60秒相机时,立刻吸引了公众的注意力,前来抢购者络绎不绝。有意思的是,店员们太忙碌了,竟然不小心把一些零件卖了出去,可见当时场面多么火爆。

百货公司的销售计划大获成功,布茨接着结合旅游在迈阿密进行宣传。这样前来度假的人便可将60秒相机带往全国各地。随着销售活动一个城市接着一个城市地进行,60秒相机在短短的两年时间内,销售额突破了600多万美元,成为拍立得公司的主打产品。

从技术创新到销售成功，60秒照相术很成功地体现出企业创新的基本程序：信息→设想→研究→观念成果→设计→实施→实体成果。

进行创新，首先需要针对相关的各种信息进行筛选，从中找出公司具备的潜能，进一步研究，进而正确掌握创新的意义和目的，有助于降低或者分散风险，扩大赢利额度和市场占有率。喜得利（Hilti）公司有7 000名员工在全世界从事直接销售工作，他们每天要拜访7万名顾客，以顾客导向来进行营运。

在掌握信息的基础上，需要对未来进行分析。这是以系统化方法完成趋势与公司能力及创新潜力的探索。在这一阶段，要密切观察，以掌握趋势的可能性、重要性、相关性与连接性，并判断这个机会是否适合公司发展。戴尔电脑公司（Dell Computers）的业务，在13年中已经从一年6万美元上升到50亿美元，由于他们追求改变的经营方式，他们按照个人需要配置计算机、用直销和电话服务的方式销售，让他们做到了很多革命性进步。

对未来的发展有了较为明确的轮廓时，进入第三步骤，开始着手进行创意激发工作。这时需要对收集的信息加以整合、归纳，形成产品构想数据表，以便于决策准备之所需。乐高（Lego）公司由丹麦一位失业的木匠创办，从最初制造销售木制玩具发迹，业务发展到15亿美元。这个过程中，他们勇于尝试改变创新思路，采取透过产品目录销售的方法，在顾客家中装配家具，进而极大地提高效益。

然后，进入创意决策阶段，提出具体化的产品概念和相对应的质量功能，以逐步引导出未来顾客需求导向的产品和解决方案。并最终将创意化为行动，付诸实现。一位顾客打电话到某公司咨询产品情况，他从客户服务部到销售部、技术部，转了一圈，没有人解决他的问题。他只好放弃与该公司合作的打算。这家公司的组织管理肯定出了问题，各个部门互相扯皮，不去顾忌消费者的需求，他们的创新能力不会太强，在市场面前是苍白的。

> 过去的辉煌只属于过去而非将来。
> ——[美]惠普公司董事长兼CEO.卢·普拉特

木桶定津揭示
创新的两种状态

完全创新是一种彻底性地改进,一般需要巨额费用、专业性强的科研人员以及实力雄厚的公司基础,与之相比,渐进创新只是在原有产品的基础上进行改进,比原产品更适合需求。渐进创新并不一定逊于完全创新,很多时候,两者并没有完全界限,而且完全创新很可能来自渐进创新。

有个木桶,桶壁上的木板参差不齐,一天,最高的木板骄傲地说:"瞧我,多么高大,哪像你们,又低又破旧。"

最短的木板听了,嘿嘿笑着说:"你虽然高,却没有用,木桶装多少水,我说了算。"

最高的木板不服气,说:"不可能,你怎么能说了算!我才说了算呢。"

它们争执不下,最后要求木桶装水试验。木桶为了平息争吵,来到河边打水。果然,它打上来的水只能到最短的木板处,再多一点也流走了。

最高的木板见此,十分诧异,连忙询问原因。木桶咳嗽几声,讲出了其中的道理:一个木桶,只有所有的木板一样高时,才会盛满水;哪怕只有一块不够高,也不可能装最多的水。而且,最短的木板才会决定水的多少,就这一点来讲,其他任何

木板都没有意义。

听到这里,最高的木板害怕地问:"那么我是可有可无的?木桶的容量再也不会提高了?"

"不,"木桶说,"离开你我也不能装水,而且,要想提高容量,必须加高其他木板的高度,向你看齐。这是唯一的办法。"

最高的木板听了,这才稍微安下心来。

后来,人们把这一现象总结成为"木桶定律"或"木桶理论"。

参差不齐的木板决定木桶的容量,对于创新来说,不是去掉最高的木板,而是修补最短的,这一做法显示出创新的两种状态:完全创新和渐进创新。

完全创新是一种彻底性的改进,一般需要巨额费用、专业性强的科研人员以及实力雄厚的公司做基础,与之相比,渐进创新只是在原有产品的基础上进行改进,优点是比原产品更适合需求。

在产品同质化时代,仅仅质量经得起考验还远远不够,必须随时保持领先,才能走在时代的前端。做到这一点,就必须进行完全创新。日本很多公司追求完全创新,强调研究与开发工作的独创性,致力于开发领导新潮流的产品。他们认为,科研工作是增强企业竞争力的推动力。诸如日立公司,从小源浪平创立企业起,就十分重视技术的革新和应用。经过几十年努力,形成了完善的研究与开发体制。1993年,日立共投入47亿美元于研究与开发。研究与开发经费约占公司总销售额的6.5%。日立不仅在国内注重研发,也将研发工作推向国外。先后在美国建立了两个研发中心,在欧洲建立两个实验室,从事半导体和汽车零件部,以及电子信息科学方面研究与开发。到1994年,日立公司已经拥有1.7万名研究人员,分布在世界35个研究所中。如此巨额的研发费用,以及庞大研究人员队伍,表明日立公司发展的核心是透过技术创造附加价值。

完全创新需要付出昂贵代价。从国际各大医药集团每年的科研开发经费中可见一斑:葛兰素史克每年55亿美元,诺华每年32亿美元,辉瑞每年25亿美元。事实上,完全创新不仅耗资巨大,还需要雄厚的人力和物力资源作为支持。全球最大的日用消费品公司之一的宝洁公司,在创新方面投入巨大,他们的研究实验室和工厂、市场一样繁忙,产品更新速度之快,几乎无人可比。这些创新来自于对消费者需求的深入了解,需要大批人员进行大量的市场调研,更需要投入巨资进行科研开发。

尽管作为全球规模较大的现代公司大多追求完全创新,但是也不能忽视渐进创新。站在巨人的肩膀上,会比他看得更远。渐进创新并不一定逊于完全创新,很多时候,两者并没有完全界限,而且完全创新很可能来自渐进创新。伏特发明电池就是在他人基础上取得的成就。1780年左右,意大利人伽伐尼偶然发现了动物电,但没有正确地认识电流。十几年后,伏特在他研究的基础上,发现不仅动物能发电,将两块不同的金属之间放一种液体也能产生电,进而开创了化学电源的方向。这一事例说明了完全创新来自渐进创新,也说明渐进创新的重要性。

> 企业家们需要有意识地去寻找创新的源泉,去寻找表明存在进行成功创新机会的情况变化及其征兆。他们还需要懂得进行成功的创新的原则并加以运用。
>
> ——[美]彼得·杜拉克

一位普通会计的创新思维要素

要想真正发挥创新潜能,除了要有勇于尝试与创新的勇气,还必须精心地培育你的创造力。不要让创意平白飞掉,随时记录下来一些创新想法;经常复习自己的想法,并与人交流;左右脑并用,保持创新的激情;寻找自己的创造力高峰,努力去实施创新性的想法。

有位先生,从事会计工作,对此之外的事物很少感兴趣。一个偶然的机会,朋友邀请他参加房地产俱乐部举办的午餐会,他正好无事可做,就答应了。

在这次会议上,一位房地产业人士发表了演说,提出该市会继续向四周繁荣下去,房地产业可以向周围的农村进军。在那里,土地较为便宜,人员较为稀少,完全可以修建一种带有游泳池、骑马场和花园的高级休闲别墅,一定会受到人们的欢迎。

那位会计听到这里,心情颇为激动,多年来他特别渴望拥有这样一个地方,可以远离都市喧嚣,放松地生活,尽享人间乐趣。所以,这次午餐会后,他没有将此设想抛诸脑后,而是不断向亲朋好友们咨询,与他们探讨。结果他们对此也很感兴趣,这给了会计极大鼓舞,他想,既然这么多人喜欢这种构思,为什么不付诸行动呢?

从此,会计日思夜想,最终想起一个绝妙的办法:买大卖小。他透过这段时间研究,已经知道周边土地的价格,整块土地要比零买的价格低很多。于是,他选择一块远离市中心的土地买下来,种植树木花草,并分成恰当的 10 块。

之后,会计开始销售自己的土地,他没有做广告,也没有大肆宣传,而是默默地弄到几位经理人员的名单,直接给他们写了推荐信,告诉他们那块土地位置优雅,草木繁盛,价格便宜,只需要购买一栋小公寓的钱,就可以拥有建筑豪华别墅的土地。这不仅可以节约开支,更有利于健康和休闲。

结果,不到两个月的时间,会计就将 10 块土地销售一空,从中赚取了一大笔钱。

由于接近"有识之士的各种创见",一位普通会计才能大赚一笔。如果当初他这个外行人没有涉及参加房地产俱乐部的午餐会,就永远也想不出这个计划了。从他的故事中,我们结合实际,看看在创造能力方面,有哪些东西会激发创新思维的能力。

要想真正发挥创新潜能,除了要有勇于尝试与创新的勇气,还必须精心地培育你的创造力。下面这些要素会对你大有帮助。

1. 不要让创意平白飞掉,随时记录下来一些创新想法。

每个人每天都会遇到新鲜经历,尽管有些微不足道,也可能会刺激大脑细胞,这是产生新想法的好机会。不要忽视这些一闪而过的想法,实时地将它们记录下来,可以轻易地捕捉到新的创新性的思想。有一个经常旅行的人随身带一块笔记板,创意一来,立刻记下来。有丰富的创造心灵的人都知道:创意可随时随地翩然而至。

2. 经常复习自己的想法,并与人交流。

复习自己的想法,多问几个为什么,可以把问题看得更深入细致,说不定从中可以寻找到更多更有用的创意火花。

每个人都会有很多想法,但不是每个人都善于表达自己的想法。当那些离奇甚至古怪的想法占据头脑,不能释放出来时,它们不仅无法为主人带来收益,反而会影响、摧残一个正常的大脑工作。所以,说出想法,交给他人去评价、审视,才有机会发现它们真正的实用价值。实际上,很多公司的创新过程都少不了沟通的作用。莲花工程与旦达航空公司十几位高级主管每日有"咖啡闲聊聚会",麦当劳公司的高级主管每天必有一次不拘形式的聚会。

3. 左右脑并用,保持创新的激情。

科学研究告诉我们,大脑左右半球有着不同的分工,左半球一般长于逻辑思维,具有专业性,往往由它解决熟练性问题。右半球长于形象思维,富有探索性,往往由它解决新问题。由此可见,只有左右脑并用,才能更充分合理地激发创新热情,并寻求到问题的最佳答案。发明家为什么会成功?因为他们总想着找出解决问题的更好的方法,这一思维方式决定他们会不停地开发自己的左右脑,不停地提出新方案。

4. 把握创造力的最佳时间,并努力实施新想法。

不同的人在不同的时间有不同的思维能力,找出自己创造力的最佳时间,会有事半功倍的效果。另外,有了创新性的想法,如果不去努力实施,再好的想法也会离你而去。爱迪生说:"天才是1%的灵感加99%的汗水。"就是这个道理。

> 创造力来自于不同事物的意外组合。使差异最显著的最佳方法,是把不同年龄、有不同文化和不同信仰的人搀杂在一起。
>
> ——[美]尼古拉·尼葛洛庞帝

对号入座者
告诉人们创造力之戒

如果能经常避免以下倾向,就很有可能提高创新能力:思维单一、视野狭窄、不分主次、缺乏自信、不敢质疑、迷信经验和知识、情绪化严重。

有个人坐火车旅行,到车上后看到很多人都站着,没有座位,就准备挨个车厢找座位。与他同行的妻子阻止他说:"这么多人都站着,前面肯定也没有座位,别浪费精力了。"说着,她站到车厢接头处,放下行李说:"就在这里吧,这里还能站下脚。"

可是,那人并不听劝告,还想去找座位。妻子不高兴了,说:"挤来挤去干什么?再说了,万一找不到座位,连现在这个地方也没有了,岂不更受罪!"

那人却不以为然,他说:"我经常出差,不管坐火车还是汽车,从来没有为找不到座位犯愁。无论车上多么拥挤,我都有办法找到一个座位。"

妻子撇撇嘴,不信地说:"是吗?你有什么好办法?"

那人说:"很简单,就是耐心地一节车厢一节车厢找过去,总会发现空座位。"

妻子还是不信,于是两人打赌,让那人去找座位。那人果然顺着车厢找下去,很快,他就在一节车厢中找到了空位,而且还有不少空位。

当他返回来领着妻子一起来到有座位的车厢时,妻子大吃一惊,不解地说:"怎么会这样呢?"

那人笑着说:"像我这样锲而不舍找座位的乘客实在不多,大多数人都被表面拥挤的现象迷惑了。你想想,火车有十几节车厢,一路上停停靠靠,上上下下的人很多,其中自然有很多提供空位的机会。可是有几个人有耐心、有勇气去找呢?不去找,又怎么可能得到座位?"

妻子恍然明白,这与生活中安于现状、不思进取、害怕失败的人多么相似,他们只会停留原地,不敢主动寻找,也就只能在最初的落脚地到站下车。

主动寻找座位,是主动思维和行动的表现。与那些放弃寻找,站在原地不动的人相比,他无疑具有较强的创新能力。那么,究竟是什么原因阻碍了其他人寻

找座位的想法和行动呢?

根据大量的实例研究,人们发现阻碍创新能力提高的因素有很多,如果能经常避免这些倾向,就很有可能提高创新能力。

1. 思维方式过于单一,是阻碍创新的第一因素。

许多人迷信经验,习惯采纳已经在实践中被证明是有效的方法和对策。这是一种常规,许多日常工作的处理中,往往把按常规或惯例办事,奉为万无一失的法宝。这种思维对创造力的发挥不利。拍集体照时,大多数摄影师会对着数十人乃至上百人的集体说:"一、二、三",让大家不要眨眼。可是有位摄影师注意到,每当这时总会有一两个人坚持不停眨眼睛。于是拍出来的照片因为这一两个人闭着眼而废弃。怎么样保证每个人都不闭眼呢?他想出了个好主意,拍照前让大家都闭上眼,然后他喊"一、二、三",让大家同时睁眼。这个方法很有效,拍出来的照片再也没有闭眼的了。摄影师突破常规,否定经验,才会有新的想法产生。

2. 视野过于狭窄,不能从多方面考虑问题,是阻碍创新的第二因素。

爱因斯坦的儿子爱德华对父亲的成功表示不解,询问他其中的缘由,爱因斯坦回答说:"甲虫在一个球面上爬行,但它意识不到它所走的路是弯的,而我却能意识到。"拓展视野,从多角度观察和思考是创新的基本方法。

一个人的创造力与专业知识并不成正比,相反,如果专业知识过于集中,会影响视野开拓,不能从多方面观察、发现问题。这时,尽管知识再专业、技术水平再高,也难以突破创新的瓶颈,难以找到解决问题的方法。

3. 不分主次,不思进步,是阻碍创新思维的第三因素。

创造力是创新精神驱动下的能力,缺乏目标,不分主次,往往造成动机不足,欲望不强,不会有什么大的成果。生活中有许多因素会分散我们的注意力,影响创意的思考。当你进行创意思考时,就应该尽力排除不必要的干扰因素。另外,分不清主次,会产生随大流倾向,遇上一些自己也无法理解的做法时,人们往往会认为"大家都这么做,我也只要照办就行了",这就难免走进因循守旧的死胡同。

西方有句古谚:5%的人主动思考,5%的人自认在思考,5%的人被迫思考,而85%的人一生都讨厌思考。这说明人是多么懒惰,多么害怕发生改变。确实,人类的本能是抵制变化的,他们希望生存的现状是最合理的,不要遇到挑战,不要出现问题,这样也就不要动脑子费力气去想办法。所以,只有不满足现状的人,肯于进步的人,才能发挥自己的创造力,为改变生活而奋斗。

4. 受情绪左右,缺乏自信,不敢质疑,是阻碍创新思维的第四因素。

情绪是隐性能力,许多人情绪化严重,心理素质不稳,怕失败、怕被嘲笑、怕被批评、怕被孤立,恐惧心情会使创造力受到压抑。

创新是把"不可能"转化为"可能"的过程,具有创新能力的人必须富有进取心,既勇于质疑,又乐于批判,积极面对遇到的问题。一味否定,会妨碍正确地了解周围的情况和有效地收集有关情报信息,给发挥创造力造成困难。艾森豪威尔将军曾在五星上将麦克阿瑟手下任职,他生性倔强,个性鲜明,常常让人下不了台,就连麦克阿瑟也不放过,被贬为"不好用的上校"。但是麦克阿瑟却重用他,为此麦氏解释说:"人才有用不好用,庸才好用没有用。"

5. 缺少好奇心,对任何问题都缺乏兴趣,是阻碍创新思维的第五因素。

好奇是创造力的第一动力,而非知识。不少人看待什么都一副无精打采、满不在乎的样子,在他们眼里没有什么新奇的事物。不管多么新颖的点子、资讯,他们都会忽略不计。试想一下,这样的人怎么可能抓住创新的机遇?而一个创新力强的人,与他们截然相反,他具有孩童般的好奇心,如饥似渴地追求新事物、新信息、新知识,使它们不断激励自己去创造,去发明。

6. 过于迷信知识,纸上谈兵,是阻碍创新思维的第六因素。

有着较高的文化知识,并不一定就能解决问题。我们常说"书呆子",如果一个人对书本依赖性太强,纵然"满腹经纶",在实际工作中仍可能纸上谈兵,一筹莫展。所以,切不可拘泥于知识,开阔视野、保持好奇心,锤炼自己灵活运用知识的能力,才是解决实际问题的真本领。

可持续竞争的唯一优势来自于超过竞争对手的创新能力。

——[美]詹姆斯·莫尔斯

老夫妇杀鸡取金
闯进创新能力的误区

"速度"不是企业发展的最大问题，也不是创新能力的最大体现。创新能力需要从几方面加以考察、培养：发现问题、假想和模仿、激发和诱导、综合和组合。

有对老夫妇生活贫苦，家里只有一只下蛋的母鸡。他们依靠卖鸡蛋赚生活费，因此十分疼爱这只母鸡。

一天，老妇人到鸡窝捡鸡蛋时，意外发现母鸡下了一个金蛋。她非常惊喜，连忙喊来老伴，一起将金蛋藏了起来。

第二天，母鸡又下了一个同样的金蛋。从此，母鸡每天都下一个金蛋，这下子，老夫妇高兴极了，他们将金蛋卖了很高价钱，过上了富裕的日子。

后来，老夫妇渐渐不满足每天一个金蛋了。这天，他们望着下金蛋的母鸡，商量说："我们应该更快地、更多地拥有金蛋。""是啊，这只鸡每天都下一个金蛋，肚子里肯定有很多金子。"

于是，两人抓住母鸡，将它杀了。可是鸡的肚子里什么也没有，老妇人见此，一屁股坐在地上，哭诉起来："我们本想得到更多，现在却一无所有了！"

老夫妇为了得到更多黄金，竟然不惜杀鸡取金。这个故事很好地印证很多企业在创新方面出现的问题：信息社会，盲目扩大和提速成为竞争的一大热点，为了提高速度，增加利润，他们不惜将发展战略简化为"买入"战略，用金钱购买速度，而不去真正地重视创新。

速度真有这么重要吗？答案是否定的。日本人创造的ZK法（片方法）认为，一个企业只有在员工们分散思索的基础上，进一步集合各种观点，然后再将思索的内容回馈到每人身上，这样反复进行，才能逐渐筛选出有用的构思，并达到观点一致，最终促使创新产生。这一反复推进的过程，没有看到"速度"占有重要位置。

"速度"不是企业发展的最大问题，更不是创新能力的最大体现。盲目提速只会闯进创新能力的误区。实际上，在产品创新过程中，存在的误区还有很多。比如过于迷信产品，看不到它的负面影响。任何产品都有缺点，如果正视缺点，可以对其加以改进或者做出其他创意决定;相反,则只能抱着缺憾当完美,不可能有创新之举。

还有,对消费者回馈过于关注,认为消费者总是正确的。这一点与第一点正好相反,来自消费者的多是对产品不满的意见,过分重视这些意见,总是看到产品不好的一面,势必自卑甚至产生放弃的念头,何谈创新?

另外,对自己的品牌和权威过于依赖。拘泥于自我,就会看不到他人和外面的世界,断绝来自各方面的外界消息,这对于创新十分不利。所谓创新,是打破自我的过程,如果做不到这一点,创新就会走进死胡同。

提高创新能力,就要走出误区,从正确的方向加以考察、培养。

即使日本人现在也不得不超越模仿、进口和采用他人技术的阶段,学会由自己来进行真正的技术创新……

——[美]彼得·杜拉克

女教师来自平凡生活的创新

创新不是什么人的专利,不仅仅是科学家和科研工作者的事,它需要科技界不懈努力,更需要全社会一起参与。有人提出让创新成为习惯的说法,鼓励全体人们都来创新,让创新成为全民族的一种习惯,使创新思维渗透于工作、学习、生活和一切社会事务中。

露易丝是位普通的美国女教师,她所在的罗爱德小镇位于美国芝加哥市的西北角。多年来,她默默无闻地工作,并坚持不懈地做着一件事:每天为女儿拍一张照片。这件事情说来简单,可是能够20年如一日地去做,就不是那么容易了。

然而,露易丝做到了,从女儿出生那天起,她就开始为她拍照,直到女儿20周岁,她拍了足足7 300多张。她十分沉迷于自己的这项事业,为之取名:女儿每天都是新的。

20年来,"女儿每天都是新的"这一活动逐渐传扬开,以致惊动了当地教育机构。机构负责人商量后,决定为此举办一次摄影展览,宣传露易丝平凡却有伟大的创举。

摄影展览引起轰动效应,吸引了来自各地的人们,特别是新闻机构最感兴趣。从美国各地来了2 800多位记者,打破了美国个人摄影展览采访记者人数的历史纪录。

其实,露易丝拍摄的照片没有什么高超之处,从内容到技术都很平常,甚至有些庸俗。可是,这些再普通不过的照片却影响深远,震惊美国,因为人们普遍认为,它们体现了一位母亲对女儿永恒的爱。

平凡铸就伟大,习惯造就创新,这是露易丝带给人们的启示。露易丝认为女儿每天都是新的,这是对创新的发现,她为女儿坚持照相,这是创新能力的表现。

创新不是高不可攀的事,也不是科学家和科研工作者的事,它存在于平凡生活中,每个人都有创新的机会和能力。只要有心,谁都会成为创新者,成为推动社

会进步的力量。

20世纪初,有人发现在美国墨西哥湾海面上漂着一层油花,经过钻研得知海底储藏着丰富的石油。于是墨西哥湾建立起世界第一口海上油井。这次发现并非来自高科技,而是来自于社会大众,可见,创新是无处不在的。

创新能力强弱,很大程度上体现一个民族和国家的强弱。科技创新是国家和社会进步的直接动力,与国家的文化环境密切相关。当一个社会为创新培养了沃土之时,创新就会层出不穷。如果说创新是一座大厦,那么全体民众就是支撑起大厦的根基。只有根基牢稳、扎实,大厦才会越建越高。

如果一个组织——国家或者公司——的使命确实有激励作用,它会给大众指引方向,指出出路,指导他们为世界做贡献,为实现自我而努力。而不是一味地提出要求,兑现利润,因为这样做会使大众失去使命感,丧失创新精神。这是极其危险的事情,所以,目前很多组织不再将个人的天赋作为创新的主体,为了得到更多更有价值的创新,他们会充分调动每位人员的积极性和创造性,为他们提供良好的机会和条件。

许多人也许并不知道,世界上市值最大的商业公司不是微软、通用电气或松下,而是维萨(Visa)。它为什么具有如此神奇的地位呢?它依靠的是什么?答案很简单,也很出人意料:维萨以拥有20 000名投资人而成功。这20 000名投资者既是顾客、供货商又是竞争对手,这一全新的管理模式让他们在众多商业公司中脱颖而出,将目标锁定在"建立世界第一大价值交换体系"上,并最终得以实现。

　　知名编舞家特怀拉·萨普说:"历经三十多年的编舞生涯,我终于明白,只有当我把创意视为生活的一部分,当作一种习惯时,才能真正的拥有创意。"创新意识必须强化,要让创新成为全民族的一种习惯,使创新思维渗透于工作、学习、生活和一切社会事务中。如此,每个人的创新潜能必都最大限度地激发出来。

尊重个人,优质服务,追求卓越。

——**IBM** 的三大价值观

第四篇

创意方法

五次面试的创意方法集萃

尝试改变既有模式,超出我们设定的答案范畴,是创意方法的共性;在面对压力或遭遇挫折时,产生创意愈大;绝大部分的创意是由自身熟悉的人、事、物发展出来的。

有位年轻人,想到一家公司工作,而他知道这家公司面试严格,很难过关。怎么样出奇制胜,赢得先机呢?经过考虑,他想出一个好方法。

这天,他坦然来到公司办公室,声称自己前来面试。

经理大感不解,因为公司没有刊登招募广告。年轻人并不退缩,而是说:"我刚巧路过这里,就贸然进来了。"

经理还是第一次遇到这种事,十分好奇,就破例让他试一试。可是结果不尽如人意,年轻人表现糟糕,不合要求,于是他说:"我事先没有准备,所以太匆忙了。"经理心里轻轻一笑,他见过太多这样的年轻人了,这不过是为自己找个理由罢了,于是随口说:"那好,等你准备充足了,再来试吧。"

没想到,过了十几天年轻人果然又来了。这次他虽然有些进步,却还是没有过关,经理再次重复了上次那句话:"等准备好了再来吧。"

就这样,年轻人先后 5 次来到公司面试,在一次次"进步"中终于获得经理认可,如愿进入公司工作。

创意需要方法,从 1937 年奥斯本倡导脑力激荡法开始,先后涌现出三三两两讨论法、六六讨论法、心智图法等多种创意思维方法。这些方法从不同角度提供了提高创意能力的技巧,道出了创意方法的特色。

1. 脑力激荡法。

此法强调集体思考的方法,着重互相激发思考,鼓励参加者于指定时间内,构想出大量的意念,并从中引发新颖的构思。脑力激荡法虽然主要以团体方式进行,但个人思考问题和探索解决方法时,也可以运用此法激发思考。该法的基本原理是:只专心提出构想而不加以评价;不局限思考的空间,鼓励想出越多点子越好。

2. 三三两两讨论法。

此法为每两人或三人自由成组,在三分钟时限时内,就讨论的主题,互相交流意见及分享。三分钟后,再回到团体中做汇报。

3. 六六讨论法。

六六讨论法是以脑力激荡法做基础的团体式讨论法。方法是将大团体分为六人一组,只进行六分钟的小组讨论,每人一分钟。然后再回到大团体中分享及做最终的评估。

4. 心智图法。

是一种刺激思维及帮助整合思想与信息的思考方法,也可说是一种观念图像化的思考策略。此法主要采用图志式的概念,以线条、图形、符号、颜色、文字、数字等各样方式,将意念和信息快速地以上述各种方式摘要下来,成为一幅心智图(Mind Map)。结构上,具备开放性及系统性的特点,让使用者能自由地激发扩散性思维,发挥联想力,又能有层次地将各类想法组织起来,以刺激大脑做出各方面的反应,进而得以发挥全脑思考的多元化功能。

5. 分合法。

威廉·高登(William J. J. Gordon)于1961年在《分合法:创造能力的发展》(Synectics: The Development Of Creativity)一书中指出的一套团体问题解决的方法。此法主要是将原不相同亦无关联的元素加以整合,产生新的意念、面貌。分合法利用模拟与隐喻的作用,协助思考者分析问题以产生各种不同的观点。

6. 目录法。

比较正统的名称是"强制关联法",意指在考虑解决某一个问题时,一边翻阅数据性的目录,一边强迫性地把在眼前出现的信息和正在思考的主题联系起来,从中得到构想。

7. 创意解难法。

美国学者帕尼斯(Parnes)1967年提出"创意解难"(Creative Problem Solving)的教学模式,是发展自奥斯本所倡导的脑力激荡法及其他思考策略,此模式重点在于解决问题的过程中,问题解决者应以有系统有步骤的方法,找出解决问题的方案。

除了上述几种外,创意还有曼陀罗法、逆向思考法、属性列举法、希望点列举法、优点列举法、缺点列举法等很多方法。

不管哪种方法,创意的可贵性让它成为人类苦苦探索的奥妙。那么,作为改变人类和世界的宝典,创意方法具有哪些特性呢?

a. 尝试改变既有模式,超出我们设定的答案范畴,是创意方法的共性。先人若不是改变地上生活模式,也不会有海上行舟的行为,更不会有发现美洲新大陆的壮举,只要尝试改变,有新的创意,当然就会有甜美的果实。

b. 创意需要压力,一般来说,压力越大,创意越多。这就像弹簧,压下去的力越大,弹起来的就越高,要是没有压力,也就无从弹起。

c. 小孩必先学爬再学坐,进而学走,而后跑、跳自如,创造力亦是如此,绝大部分的创意是由自身熟悉的人、事、物发展出来的。

综合上述所言,要激发创意潜能并非难事,掌握一定方法,在自我放松、不要设限、勇于吸收的内在条件下,一定会获得了不起的创意。

"进步是我们最主要的产品。"
——GE(通用电气公司)的企业理念

瞎琢磨的孩子启示沉思法

沉思,指的是认真、深入地思考,在寂静和孤独中对某个中心意念或意象的深沉思索。沉思是一种思维方式,是在东方宗教信仰中发展起来的,具有古老历史。沉思一般是思想深处的东西,其深奥性不言而喻。与西方祈祷比较,两者具有共性,都是精神领域的一种修炼和沉淀。在自我修养面前,沉思无疑可以起到调节自我意识、增强控制情绪能力的作用。这些作用有利于创意。

有个孩子,很爱瞎琢磨。有一次,他父亲带他去池塘摸鱼,对他说:"你不要出声,静静地站在浅水里,一会儿就有鱼游过来了。要不然,鱼会游到深处去。"

孩子按照父亲的吩咐去做,父子俩果然抓住了好几条鱼。

第二天,父亲又要带着孩子去抓鱼,孩子却不去了,他独自躲在房间里发呆。父亲见此,训斥一句:"这么懒惰!"转身独自走了。

可是孩子不为所动,沉思不语。傍晚,父亲回家时,孩子高兴地跳过来对父亲说:"我有更好的办法了。"

原来,他从父亲的方法中受到启发,认为既然鱼听到动静会游向深处,何不利用这一特点,在水池深处挖个深坑,然后从四面八方向池塘扔石子。这样鱼会游向深坑,那么他们就可以站在深坑里,不费力气地抓鱼就是了。

父亲听了孩子的话,也觉得可行。第三天,他们一起行动,按照新方法摸鱼,果然轻松多了,抓到的鱼也多了。

孩子对大人们司空见惯的问题"瞎琢磨",表现出创意天分。这种"瞎琢磨"是创意方法的一种——沉思法。

沉思,指的是认真、深入地思考,在寂静和孤独中对某个中心意念或意象的深沉思索。沉思是一种思维方式,是在东方宗教信仰中发展起来的,具有古老历史。沉思一般是思想深处的东西,其深奥性不言而喻。与西方祈祷比较,两者具有共性,都是精神领域的一种修炼和沉淀。在自我修养面前,沉思无疑可以起到调节自我意识、增强控制情绪能力的作用。这些作用有利于创意。

与放松相比,沉思也有相同性。沉思是透过反复思考同一问题,直到达到某

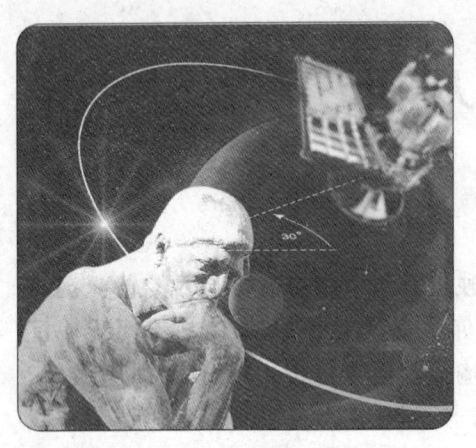

种思想的极端,产生类似开悟的感觉。这种集中精力的特色与放松相似,只不过后者是掩藏住对意识察觉的集中。留意当下是沉思的核心,佛教认为"对当前的现实生活保持活跃的意识"是沉思的关键。对当下问题的关注,会使大脑接纳压力和情绪,不至于自我意识分散。

可见,沉思对心理的自我调节,让人感觉是指向对现实苦恼的摆脱,这两者看起来是矛盾的。其实,两者并不矛盾,反复的思考是会激发一种顿悟,顿悟也是更彻底的摆脱、去执著、去妄念、去反思,佛教修炼里很强调这一点。

善用沉思法的典型人物是发明家盖茨博士。他在解决问题遇到困难时,喜欢进入一间没有声音、没有光线的屋里,独自静坐默想。很多时候,他会枯坐几个小时,一旦有了某种意念性答案,他会立即打开灯记录下来。透过这种方法,盖茨博士完成了数百种发明和发现,有力地说明了沉思法的可操作性。

> "我们需要为我们的产品创造需求。"
> ——英特尔公司董事长兼 CEO 葛洛夫

借款1美元的富翁
善用立体思维法

系统思维法，就是从整体出发，透过分析整体与局部之间，以及整体与外界环境之间的相互关系，进行全方位思考研究，以获得解决问题的最佳途径的思维方法。立体思维是系统思维创意法之一，跳出点、线、面的限制，从上下左右，四面八方去思考问题，体现出立体思维的特点。

一位先生到银行借款，额度是1美元。这让银行工作人员十分不解，因为此人穿着阔绰，举手投足间尽显富豪派头。于是，银行经理小心地说："尽管您只借1美元，可是根据规定，您必须交付一定担保。"

那位先生一边点头，一边从皮包里取出股票、债券等，堆到柜台上说："这些担保可以吗？"

银行经理清点一下后，惊异地发现这些东西价值50万美元，不由张大了嘴巴。过了好一会儿才又结结巴巴地说："当然，足够了。不过，不过，您确定只借1美元？"

"是啊，"那人面无表情，"1美元就够了。"

这时，银行方面有些沉不住气了，他们不明白这位先生到底何意，为何拥有如此财富却偏偏只借1美元？为了保险起见，他们汇报给了银行行长。行长分析情况后，也觉得事有蹊跷，迫不得已亲自过来接见那位先生，不好意思地问道："对不起，先生，我是这家银行的行长，我有一件事实在搞不懂，想向您请教。"

那位先生表示理解，于是行长说："我实在有些疑惑，您拥有50万美元财产，却只借1美元。要是您借得更多，我们也很乐意为您服务。"

那位先生听到这里，呵呵笑了，他说："我明白你的意思了。"说完，他讲述了自己为何借款1美元的前因后果。原来，他来到此地是为了办事，可是随身带着这些票券很不方便。他有心存到银行的保险箱里，却发现租金很贵。因此他就想到了透过借款，用票券做担保的办法。这样一来，既能保证票券安全，而借款1美元的年利息不过6美分，真是太合算了。

故事中的有钱人跳出点、线、面的限制,从上下左右、四面八方去思考问题,体现出立体思维的特点。立体思维是系统思维创意法之一。

所谓系统思维法,就是从整体出发,透过分析整体与局部之间,以及整体与外界环境之间的相互关系,进行全方位思考研究,以获得解决问题的最佳途径的思维方法。在这一方法中,除了立体思维法以外,还有信息思维法、控制思维法和协调思维法几种。

据说,苏东坡有一段时间觉得自己文思枯竭,没有了创作能力,为此他很焦虑,就去找好朋友佛印禅师倾诉苦恼。佛印听完后,不动声色地为苏东坡斟茶。杯子里的茶水满了,他依然不停下,结果茶水淌了一桌子。苏东坡目不转睛地注视着这一幕,忽然大悟,高兴地笑了。原来佛印透过斟茶告诉苏东坡,他头脑里的"旧茶水"已满,所以头脑麻木,文思枯竭。只有忘掉或者摒弃旧的东西,进行新思维,才会有新的收获。苏东坡接受佛印的建议,放下旧有的一切,从旁类书籍入手,很快头脑重新恢复敏捷性,文思泉涌,佳作迭出。

看来,固执于一点,不能从全局或者外界观察问题,往往会局限思维,难有突破。在系统思维法中,信息思维法就注重对各种信息的获取、传递以及处理和加工,进而实现整个系统的最优化。

有些时候,根据信息回馈可以控制系统运作,这时就出现了回馈思维法。1820年,哥本哈根大学的奥斯特发现导线中通过电流时,周围的磁针发生了偏转。由此他得到结论:电流会产生磁场,于是电磁学诞生了。

另外,协调思维法也是系统思维法的常见方法。这种方法的特点在于透过协调作用,抛却差异和干扰,寻求系统各个要素之间的平衡,达到共性。前苏联的米格25曾是世界一流的战斗机,在它身上很好地体现了协调思维法的运用情况。当时,美国十分渴望了解米格25的技术情报。恰好日本人获得了一架米格25，双方经过交易，日本同意美国前去考察研究。可是美国专家经过细致钻研，发现飞机上的零件没什么先进之处，大部分比美国还要落后，他们百思不得其解，不知道技术含量如此一般的米格25，为何在爬高、飞行速度方面会远远超越其他飞机。事隔多年，问题的答案揭晓了：米格25的技术装备确实不先进，不过它安装了先进的反干扰系统，进而确保了机体整个系统的协调运作，因此功能一流，超越其他许多战斗机。

"以世界第一流的高精度而自豪。"

——惠普公司的企业理念

雨中观音提示的
侧向创意法

侧向法,是指透过把注意力引向外部因素,进而找到在问题限定条件下的通常解决办法之外的思维方式。这种技法的核心是在问题被限定的条件下,变换注意力于外部因素而得出解决问题的新思路。

  有个人遇到了难事,一心祈求观音菩萨救助。这天,他准备去庙里上香求观音,不巧天降大雨,他没有带雨伞,只好到屋檐下避雨。这时,他忽然看到观音菩萨打着雨伞路过,于是急忙请求观音帮助自己。

  观音看了他一眼,并没有前去相助,而是说:"你在屋檐下,雨淋不到你,而我在大雨中,所以你不需要我帮助。"

  那人一听,立刻从屋檐下跳出来,站在大雨中说:"我现在在雨中了,该帮我了吧?"

  没想到,观音不为所动,平静地说:"你我都在雨中,我因为有伞,所以不挨淋,你因为没有伞,所以被雨淋。是伞帮了我,你要想救自己,不必找我,而该自己去找伞。"说完头也不回地走了。

  那人好生纳罕。等到雨过天晴,他继续赶路去庙里上香。让他大吃一惊的是,在他跪拜的观音像前,有个和观音长得一模一样的人也在跪拜。他惊异地上前询问:"是观音吗?"

  "是。"观音回答。

  那人更奇怪了,问道:"为什么自己拜自己?"

  观音回答:"因为我知道,求人不如求己。"

  观音从侧面告诉世人,求人不如求己,这里揭示出创意的另一种方法——侧向法。侧向创意法是相对于已经存在的思维和方法而言的,指从前所未有的角度重新观察、分析问题,得到与以往不同的答案和方法。侧向法是发明创造的有效思维方式,这种技法的核心是在问题被限定的条件下,变换注意力于外部因素而得出解决问题的新思路。

在考虑问题时，不少人喜欢从正面进攻，一而再地花力气寻求问题的解决之法。可是他们往往不能成功，找不出解决问题的关键所在。而面对同样的问题，有些人会放弃正面进攻，采取迂回战术，旁敲侧击，从不同的角度去考察、思索，结果很轻松地找出了解决问题的答案。这就是侧向思维法的作用。

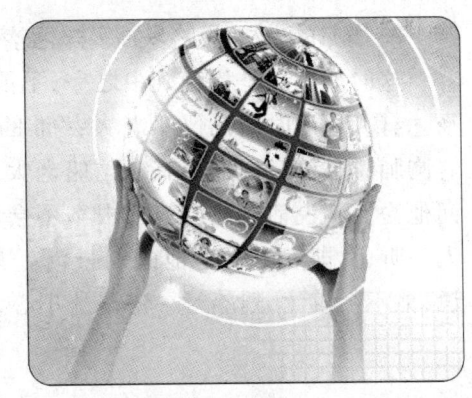

有个实验很好地说明了侧向法的实用价值。将一只鸡和一只狗关在两堵短墙之间，在它们面前分别放上一盆饲料。不过，饲料前用铁丝网隔开，让它们无法轻易就能吃到。鸡看到饲料，不管三七二十一就冲了上去，结果被铁丝网挡住，几次三番都吃不到饲料。狗却聪明得多，它没有莽撞地冲过去，而是左右观察，发现从短墙后面可以绕过去，因此轻松地吃到了饲料。

可见，侧向创意法的要点在于摆脱常规的思维方式，打破习惯性的思维束缚，从一种新的角度、新的方向去寻找途径，主动寻求"柳暗花明又一村"。塞姆·沃尔顿曾经是20世纪80年代的世界首富，他说："我常为自己能破别人之常规而感到骄傲，我始终偏爱能对我的规则提出挑战的异己。"他认为，经营之道"首先要破除成规……所有知道我以不成熟想法向前行进的人，都以为我是完全失去了理智，没有人敢将投资赌注押向第一家沃尔玛连锁超市时……我们倾家荡产发迹"。

打破常规的能力是创造家的关键行为品质。善用侧向法者会利用其他领域的观念、知识、方法或现象等来寻求新的途径和思路。他们喜欢尝试新鲜的、从未做过的事情。麦当娜在20世纪80年代打破了披头士乐队保持的流行歌曲单曲唱片销量纪录，成为全球瞩目的女歌星。她能够做到这一点，得益于她勇于尝新的精神。在与制作人合作时，她常常提出的要求就是：试试"不同"，不同的服装、不同的音调、不同的灯光……一切能够打破常规，带来新意的东西她都会坚持，进而创造了世界上独一无二的成功。

在实践中，侧向法应用较为广泛，一般下述两种情况下都会用到：

1. **在常规方法无法解决某一问题时，需要转换思路，从与之无关的新领域入手。**

鲁班一心寻找更快的斧子来砍伐树木，却总难如愿，后来他发明了锯，使锯木头的速度大为提高。有些时候，为了解决问题，不妨请"外行"参与，让他们出点子，这会得到与常规、经验截然不同的思路，往往会较为神速地解决难题。

2. 既有的方法、思路多种多样,虽然都可以用来解决问题,但是存在优劣之别。

这时如果总是依赖其中之一,不能选择最好的方法,就需要果断地寻求新途径。有人过河时问几位船老大:"谁的水性好?"船老大们争先恐后地挤过来,拍着胸脯说自己最好。只有一位船老大站在最后,不言不语。过河的人注意到他,问他为何不说话。他说自己根本不会游泳,所以没有必要回答。没想到,过河的人一听,立即表示要坐他的船过河。其他船老大不服,询问其中缘由,过河的人说,他不会游泳,划船时一定格外小心,这样坐船的人才会得到最大的安全保障。

"鼓励尝试风险。"
——英特尔公司的六条基本原则之一

猎狗追兔子追出的分解创意法

所谓分解法就是透过对某一事物（原理、结构、功能、用途等）进行分解，以求发明、创造的方法。分解手段并非指一般的简单分解即算告成；分解法的分解是指透过分解手段使人们发现更多的创造对象，在既有事物的基础上，做出发明革新，分解应该具有新价值；分割是分解的一种形式。

有位猎人带着猎狗去打猎，当他发现了一只兔子，让猎狗去追赶时，猎狗却不尽心。因为猎狗与兔子的目的不同，一个为了吃饱饭，一个却是逃命。

猎人从这件事中受到启发，决定对猎狗实行奖罚制度：猎狗每抓到一只兔子，就可以奖励它一根骨头，抓不到兔子的猎狗，就没有饭吃。

这个制度推行后，猎狗们抓兔子的积极性提高了，每天抓住的兔子数量大大增加。

可是好景不长，过了不久，猎狗抓到的兔子个头越来越小。这是怎么回事？猎人奇怪地询问猎狗。猎狗告诉他："只要抓住兔子就有骨头，又没有说明兔子个头的大小！小兔子跑得慢，当然比大兔子好抓了，谁不去抓小兔子啊！"

发现了问题所在后，猎人经过思索，改进了自己的制度规定，奖励骨头的数额与兔子的重量结合起来，不再以数量多少而定。哪只猎狗抓得兔子最重，得到的骨头会最多。

新措施实施后，猎狗们的积极性又高涨起来，抓到的兔子比以前

又多又大了。

然而，这一情况持续的时间不长，又发生了问题。猎狗们似乎失去了抓兔子的兴趣，特别是有经验的猎狗，它们一点积极性也没有，根本不再关注自己的工作。这次，猎人主动分析原因，了解到猎狗们担心老了以后，无法工作时得不到福利待遇，吃不上骨头，于是他急忙推出了相关福利措施。

在福利措施刺激下，猎狗们工作的积极性空前高涨，奖罚制度似乎已经完备了。猎人为此很是欣慰，正要准备好好休息几天时，却看到令他难以置信的一幕：不少猎狗，尤其是优秀的猎狗，开始离开猎人，自己创业抓兔子去了。

这可太让猎人着急了，他想了很多办法，试图挽回猎狗们的心意，可是效果不佳。长此下去，猎人手里的猎狗越来越少了，但他依然没有找到问题的症结在哪里。这天，他实在无计可施了，只好找到离开的猎狗，面对面询问其中的原因。

有只猎狗见他情真意切，十分感动，对他说明了缘由。原来这些猎狗并非对猎人不满，而是他们觉得自己生活的目的不单纯为了几根骨头，还要实现自我的梦想。这个梦想就是有朝一日，也能成为老板。

猎人恍然大悟，猎狗们希望实现自我价值，所以选择了离开。看来，只要自己推出的方案也能帮助他们实现理想，就一定会重新召回他们。在细致又科学的研究后，他提出了创建股份制有限公司的政策，这一政策不仅鼓励能干者多劳多得，关键还实行强者孵化措施。优秀的猎狗随着业绩增长，可以提升进步为经理、总经理，直至参与股份管理，成为董事会成员，也就是实现做老板的梦想。

结果，这一招数宣布后，立即吸引了离开的猎狗，他们不但返回猎人的公司，还积极工作，忠心耿耿。不久，其他地方的猎狗听说后，也纷纷加盟。猎人的公司越办越大，长盛不衰。

根据猎狗们的不断变化，猎人做出相对对策的过程，体现出分解创意法的特色。所谓分解法就是透过对某一事物（原理、结构、功能、用途等）进行分解，以求发明、创造的方法。

分解法具有以下特点：

1. 分解手段并非指一般的简单分解即算告成，例如把带橡皮擦的铅笔分解成橡皮擦和铅笔，把计算机分解为屏幕和主机，这种对组合的复原没有创造意义。

2. 真正的分解指的是在既有事物的基础上，透过分解手段得到更多、更新的发明对象，创造出新价值。在判断分解时，分解产物有无价值、价值大小是根据。

从分解价值角度来看,对于一个整体,只要能分解成相异的原理、结构、功能、用途等,或者分解出新的事物,就具有对其分解的价值,就具有实用性。

3. 分割是分解的一种形式。旧产品的分割也能产生价值,所以也属于分解创意法。市面上,鸡贩鉴于有人喜欢吃鸡腿,有人喜欢吃鸡胸,于是将鸡腿与鸡胸切割后,分开来卖,进而产生新的销售方式,这是经由"分割"的概念所产生的卖点。

"不断淘汰自己的产品。"
———微软公司的成功秘诀之一

乞丐运用求异思维法喝到了鲜汤

求异思维的关键在于人不受任何框架、任何模式的约束,能够突破、跳出传统观念和习惯势力的禁锢,使人们从新的角度认识问题,以新的思路、新的方法创造人类前所未有的更好、更美的东西。求异思维的主要规律和方法是模拟法。

有个乞丐在暴风雨的夜晚无处安身,更没有食物可以充饥,他接连敲了好几家的门,却无人收留他,也没人给他一口饭吃。

乞丐又冷又饿,来到当地最富裕的一位财主家门前,再次敲响了门铃。财主家的仆人出来后,一看他,立刻吼道:"滚开!主人吩咐了,不会给你吃的。"

乞丐却很平静,他说:"我不要吃的,我只要在你家的炉火前烤干衣服。"

仆人心想,这样不必花费什么,财主也不会怪罪自己,就让乞丐进去了。

乞丐来到炉火边,顿时暖和多了。他看到仆人们穿梭往来地准备食物,灵机一动,对厨师说:"你能借给我一个不用的小锅子吗?我要用它煮碗石头汤。"

"石头汤?"厨师听了十分惊异,随手丢给他一个破旧的锅说:"我今天倒是开了眼,看看你怎么煮石头汤。"

乞丐不慌不忙,到路上捡了块干净石头,放到水池里仔细清洗,然后放进锅里开始用火煮。这时,围上来好几个仆人,他们好奇地议论纷纷,有人忍不住抓起一把盐说:"哎呀,光煮石头,再好吃也没有盐味啊,给你加点盐!"说着,往锅里放了一些盐。其他人见了,有心嘲弄乞丐,也抓起身边的各种食物,像豆子、麦芽,乱七八糟地扔进锅里。

乞丐一直不言不语,等到锅里的水开了,他端起来说:"石头汤煮好了。"说完,捞出石头,美美地喝了一锅鲜汤。

乞丐能够喝上鲜汤,完全得益于他聪明的方法,如果他直接向仆人乞求一锅鲜汤,相信谁都可以猜测到结果。所以,他不像以往那样乞讨,而是采取了与之不同的新思维、新做法。这体现出创意中常用的一种思维方法——求异思维。

顾名思义,求异思维就是在解决问题时,跳出原有的框架、约束和禁锢,从全新的、另类的、与原来完全不同的角度、思路,去发现、思索,进而创造更好的方式和方法。

高射炮弹一般用于未落飞机,往往是向上发射,前苏联有人用它打入地下,为石油钻井服务,效果颇佳。可以说求异就是使"圆变方,纵变横,平面变立体,飞机入水,船上天"。日常所说的"出奇制胜",就是种求异思维。在战场上、在工业和商业竞争中,这样的例子不胜枚举。例如彩色电视的制造,屏幕越来越大、功能越来越强、按键越来越多、成本越来越高、使用越来越复杂,有厂商实时推出功能简单、使用方便、价格低廉的大屏幕电视,销售量大增,就是求异思维的结果。

求异思维的主要规律和方法是模拟法。模拟法,就是透过把陌生的对象与熟悉的对象、未知的事物与已知的事物进行比较,从中获得启发而解决问题的方法。分为直接模拟、仿生模拟、因果模拟、对称模拟几种。比如蛇的嘴巴张开后,能大大超过它自己的头部,根据这一特征,发明了蛇口形晒衣夹,就是仿生模拟的成果。

英国的培根有一句名言:"模拟联想支配发明。"模拟法常常藉助于客观事物之间的比对,开启求异思维的思路。圆珠笔的发明就是模拟法的结果。拉·比罗是匈牙利的一位新闻记者,经常到各地采访,在使用钢笔时由于常常缺水,很不方便。后来他注意到油墨的优越性,透过观察孩子们在地上滚皮球的活动,想到用钢珠替代钢笔尖,进而发明了圆珠笔。

模拟法不受通常的推理模式的束缚,具有很大灵活性和多样性,是创意活动中常用的方法之一。

"吞噬现有的产品是保持领先的途径。"
——[美]惠普公司董事长兼 CEO 卢·普拉特

坏脾气男孩见证的改良创意法

所谓改良,就是把旧产品缩小放大、改变形状或改变功能的意思。所有的产品,除了第一代是发明外,以后都是经由"改良"逐步完成的。哈佛大学教授利瓦伊特说改良是"创造性模仿"。创造性模仿绝非仿冒,它的基本精神是创新的、积极的,经过对旧产品的改良或重组后,产生另一全新的产品。

有位父亲,因为儿子脾气很坏,动不动与人争吵,苦于无法教育他而十分烦恼。后来他听了一位聪明人的话,送给儿子一袋钉子,并对他说:"每次你发脾气的时候,不要忘了在墙上钉一个钉子。"

儿子接受了父亲的忠告,第一天,他在墙上钉下了37枚钉子。37枚钉子,都是他用锤头一下下敲进去的,这对一个孩子来说,可不是个轻松的工作。当他最后一次在墙上敲打钉子时,第一次意识到,自己竟然这么容易发脾气,而发脾气会带来如此沉重的恶果。

渐渐地,儿子开始自觉地控制与人争吵的次数,他发现,少一次争吵,比钉一枚钉子更容易做到。他每天钉下的钉子数量也日渐减少。

终于有一天,儿子欣喜地对父亲说:"我今天一枚钉子都不用钉了。"父亲很高兴,儿子有耐心了,不再乱发脾气了。这时,他想起聪明人告诉他另一半的话,要他告诉儿子,从这天起,每次控制自己不发脾气的时候,就可以拔出一枚钉子。

儿子也希望那些钉子能够拔出来,于是他天天都有收获。一段时间后,他兴冲冲地告诉父亲,所有钉子都拔完了。

父亲显然有些激动,他拉着儿子的手来到墙边。当他看到墙上一个个钉子留下的洞时,对儿子说:"看见了吧,这些钉子留下了洞口,这就像用刀子捅别人一刀一样,伤口会长久存在。生气时对人发脾气,说出去的话也会伤害别人,并留下不可磨灭的伤痛。"

拔出钉子,改善心态,这是改良方法的具体运用。在产品创新中,改良是常用到的方法。所谓改良,就是把旧产品缩小放大、改变形状或改变功能的意思。所

有的产品,都是在前人研究基础上发明出来的,除了第一代外,以后都是经过不断"改良",进而逐步形成更新的产品。比如吸尘器,就是将"吹"改为"吸"的结果。不同的产品是这样,即使同一件产品,也是经过不断地改进才逐渐完善的。

改良是创意的重要方法,是最常见的方法。《哈姆雷特》是莎士比亚最著名的舞台剧,流传百年,光芒万丈,可是大部分人都不知道,它并非莎翁的原创,而是源自丹麦的一个小故事。经过莎翁的改良创意,赋予旧元素新的生命,进而产生了伟大的作品。

哈佛大学教授利瓦伊特说:"改良是'创造性模仿'。"创造性模仿绝非仿冒,它的基本精神是创新的、积极的,经过对旧产品的改良或重组后,产生另一全新的产品。宾达被誉为小产品大王,他非常希望发明一种瓶塞,可以防止瓶内物品腐败。于是他从各式各样的瓶塞入手,经过研究琢磨,综合它们的优点,果然发明了垫木片的冠状金属瓶盖,被广泛使用。

改良方法应用广泛,效果明显。从功能、用途、颜色、速度、款式、风格、名称、标签、商标、包装设计等,产品的任何形态都可以进行改良,同时与产品有关的任何技术都可以改良。只要与以往不同,打破已有和现有的模式,既可以改变产品的成分、形状、大小、长短,也可以改变产品生产的次序、时间。不管从何处入手、从何处改变,都是积极创造的表现。对于二极管的改良,很多人从降低其中的不纯物浓度入手,试图制造出更好的二极管,却效果不佳。这时,江畸玲于奈博士反其道而行之,增加不纯物的浓度,结果发明了隧道二极管。

改良是企业发展的支柱技术手段。松下幸之助是日本的经营之神,他特别重视"改良"的作用和意义,以"改良旧产品、大量生产、降低成本、低价售出"为经营策略，进而创造了业内神话。在日本，很多企业家也像松下一样，对"改良"情有独钟，致使日本在电子、汽车等科技方面称霸世界。可是他们的技术无一例外都是从模仿开始的，不过他们并非简单的仿制，而是懂得不断改良，因此才能生产出高质量、低价位的产品。

　　管理大师彼得·杜拉克说："创造性模仿者并没有发明产品，他只是将创始产品变得更完美。或许创造产品应具有一些额外的功能，或许创始产品的市场区隔欠妥，需调整以满足另一市场。"现在直排轮溜冰鞋较为普及，它的四个滑轮并排在一起，这与过去的冰鞋有何不同？只不过是滑轮的位置做了改变，但却开创了数百万美元的崭新产业价值。这无疑体现出改良创意法的重要价值。

"我们疯狂地往前跑，然后突然改变方向。"
　　——MCI（Motor Coach Industries，客车工业公司）公司董事长兼 CEO 伯特·罗伯茨

捕捉火鸡的减少创意法

减少法指的是对原事物从删除、减少、减小拆散、去掉等角度考虑，使之出现新事物。从产品来看，功能、用途、价值、特点、成分、色彩、功能、动态、声音、音乐、音响、画面、柔软度、硬度……可以减少；从人类生活来看，舒适、松弛、诗意、价值、地位、身份、情感、情节、欢乐、享受、前景、幽默、趣味、修饰、人性的关怀……可以减少；总之，为了更简单、更实用、更便宜，要大胆抛弃一切多余的东西。

有个人喜欢捕猎火鸡。有一次，他用大箱子布置了一个陷阱，在里里外外撒了玉米，自己躲得远远的，一心等待火鸡钻进大箱子来。

很快，一群火鸡跑来了，它们看到玉米，咯咯叫着上前啄食。不一会儿，竟有12只火鸡钻进大箱子。那人很高兴，刚要拉动手里的绳子，却看见一只火鸡慢慢地踱出箱子，跑到外面吃玉米去了。他心想，再等一会儿，等它进去了就拉绳子。

可是，不但那只火鸡没有进去，反而又有两三只火鸡跑了出来。那人想，再等一下，等到这两三只火鸡进去了再拉绳子也不迟。

可是，箱子里的火鸡有减无增，一只只溜了出来。而那人在等待中眼看着火鸡一只只减少，最终一只也没有抓到。

想得太多，反而会得到更少，这一奇怪的现象说明：在创意中，懂得缩小与舍去，往往是一种很好的技巧。世界上最早的时钟出现于11世纪至12世纪，主要用于教堂，提醒修道士祷告的时间。后来一位聪明的德国锁匠将钟变小，造出了第一只怀表，瑞士人将钟变得更小，做出了手表。

对创意对象抛弃某些部件会怎样？比如压缩零件、缩短时间、减轻重量或使用更清淡的颜色、去掉某些成分等等，会给产品的价值带来哪些影响？在澳大利亚，第九电视网的凯瑞·派克（Kerry Packer）缩短了板球比赛时间，发明了一天一场的板球赛，使之成为一个收视率很高的新的夏日电视节目。这就是减少法在创意中的典型运用。

那么什么是减少创意法？它具有哪些特点和用途呢？

减少创意法指的是对原事物透过删除、减少、减小、拆散或者去掉某些成分，

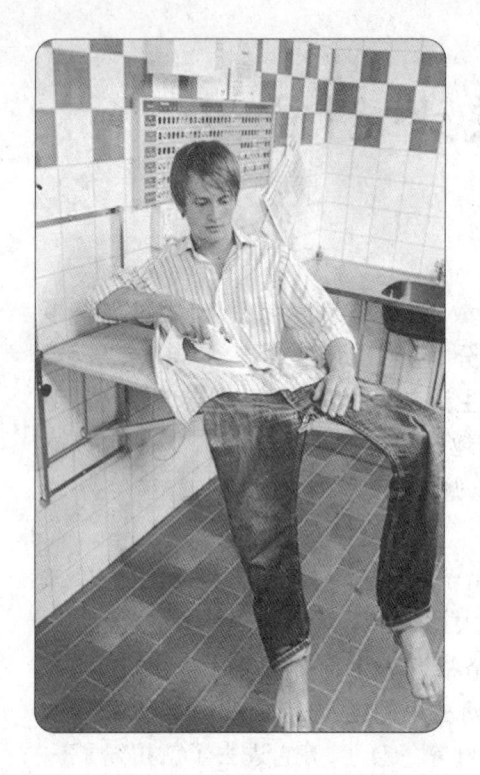

进而出现新事物的方法。减少法在生活、生产中应用广泛，几乎产品的各方面，诸如功能、颜色、声音等都可以减少。在消防工作中，为了省力安全，用合成树脂制成水管，替代原来重量较重的水管，使用更为方便。这就是减少法的具体运用。

减少创意法的原则是只要更简单、更实用、更便宜，就可以抛弃一切多余的东西。从这一原则出发，可以带来神奇的创造结果。爱迪生准备发明电灯泡，却遭到两位学者的反对和嘲讽。他们认为爱迪生对电和力学一窍不通，根本不可能有所创造。可是爱迪生成功了，他只接受过3个月正规教育，这让他不为过多的专业知识羁绊，可以更轻松、更简单地从事发明活动。

有人说："不成功者知道一切，成功者知道太多，天才们知道极少！"这一说法体现了减少创意法的深层涵义。在实践中，最好的老师不是那些灌输给学生们百科全书式的知识的人，他们告诉学生的很少，他们教会学生懂得放弃没用的东西。这是减少法的精髓所在，懂得和勇于"舍去"，才会带来新的世界。"思"之则有之，过多的"思"会干扰正常的工作，更会阻碍创新发明。在体育运动中有条训练规则，教练对运动员们做出指示时，语言一定要简洁明了。比如对棒球运动员说"别把球扔得太高滚进去"，球手会做出与之相反的动作，因为在他的大脑中接收到了"高点和进去"的信息，他会依次行动。因此，如果教练想达到自己的要求，最好对运动员只说两个词："低点"和"外面"。这种简便实用的话语足以让运动员明白自己该怎么做。

"问题永远不在于如何使头脑里产生崭新的、创造性的思想，而在于如何从头脑里淘汰旧观念。"

——维萨信用卡网络公司创始人迪伊·霍克

粉碎一切障碍的卡片创意法

卡片创意法，是创意中经常使用的一种方法，这种方法的特点是在团体中进行创意思考，让每位成员都将自己的想法记录在卡片上，然后透过整理和分析这些卡片，做出具体的创意策划步骤。

巴尔扎克年轻时，听从父亲安排攻读法律，可是他不喜欢自己的专业，偏偏想当作家。为此父亲十分生气，拒绝为他提供生活费，想以此要挟他改变主意。

可是巴尔扎克痴迷文学，根本不为父亲的要挟所动，依旧写作不止。然而生活是残酷的，没有了父亲提供的生活费，而他的文章也接二连三遭到退稿，巴尔扎克失去了经济来源，生活深陷困顿之中。

有一段时间，巴尔扎克三餐不济，只能以面包和白开水充饥。在这种境况下，他没有放弃自己的梦想，常常想出各种办法鼓励自己，激发自己的创作热忱。比如，他会在桌子上画一件件餐具，然后写上各种美食佳肴的名称，在想像中饱餐一顿。有一次，他碰巧得到 700 法郎的收入，他没有用这些钱改善自己的生活，而是购买了一根镶着玛瑙的手杖，亲自在上面刻下一行字：我将粉碎一切障碍。

这句话支持着巴尔扎克，胜过所有锦衣玉食，让他最终走向了成功。

巴尔扎克以刻在手杖上的字激励自我，恰是卡片创意法的一种表现形式。卡片创意法，是创意中经常使用的一种方法，这种方法的特点是在团体中进行创意思考，让每位成员都将自己的想法记录在卡片上，然后透过整理和分析这些卡片，做出具体的创意策划步骤。一般来说，进行此过程包括以下的步骤：

1. 收集相似卡片。

有些卡片内容相似，可以先从一堆卡片中找出这些类似者，集合一处。这样，桌面上会形成一个个小集合的卡片。

2. 将有相似点的卡片浓缩。

用一句话概括内容相同卡片的意思，记录在另外一张新卡片上，并将其放在小集合的卡片堆上。这时,桌上会有数张一句话卡片。

3. 将集合一句话的卡片再集合分类。

再把数张一句话的卡片,进行集合分类,并以此类推,编成大集合。卡片法又分出很多方法,其中最著名的是K·J法。K·J法中,最重要的一点,就是要依由小而中,再由中而大的步骤进行。

4. 将大集合小卡片展开绘图。

把大集合制成的小卡片,在大张的纸上展开做成相关图或是构造图,而后再贴上各自所属的卡片,形成各个体系的体系图。如此一来,最初杂乱无章的数十甚至数百种创意,就一目了然呈现面前,清晰地表达各自问题观点所在,对实施计划的探讨及评价非常方便。

与卡片法大同小异的是"纸牌法",此法是事先分配好数张卡片,请他们每一张写一个创见而开始。然后决定一名主持人,收集所有卡片,以洗纸牌的方法,将卡片均匀混合,再将卡片分给每一位成员。

然后,大家都仔细阅读手中的卡片,向原作者提出疑问,或自行先予以归类。并从主持人的右侧开始,每个人将自己手中卡片内容一一念出来。这时,在座的成员若听到与自己手中内容相似的卡片,拿出来与之归于一类,放一张卡片在上面,固定稳妥,交给主持人。

重复进行这种程序,直至形成四五堆集合,接着就与K·J法一样做关联图。

卡片法和纸牌法的特点是各人"默默地"把想法写在卡片上,因此无法产生思路的转变。为了改正这一缺点,有人想出了另一方法:每一个人要提笔书写个人创意时,先报告他所要下笔的想法意见,而后才可以填写。如此可防止太多内容相同的卡片出现。

创意大师奥斯本认为,创意公式:一加一等于三。比如我们可以用什么方法改良电冰箱这一创意目标。可以写出无数创意卡片:电冰箱可以加热食品、打开冰箱的门有助于将冷空气留在冰箱里、电冰箱不需要电力就可以运转等等。

当然,很多时候急需新创意却没有时间,这时,不适合采用卡片法,可以采用解决问题的避难所会议法。实施此法时,应该遵循一些基本原则:

1. 将产生创意和评估创意分开。

在提出创意的过程中,暂缓判断。等到所有的创意都被提出来之后,你会有机会分析它们。这是最重要的原则。

2. 节制个人的意见。

请遵守时间表,不要一个人喋喋不休。当有人提出创意时,不要急于想到潜在的障碍,不要急于否定,即使是最不可思议的创意,也要接受。因为这种创意往往可以修改成很好的创意,或者可以激发其他成员的创意。

3. 尽量提出许多创意。

每个人提出的创意跟其他任何一个人提出的创意一样有价值,当提出创意时,要抱着有趣好玩的态度,不必担心别人的嘲笑。

> "微软永远离破产只有 18 个月。"
>
> ——微软公司总裁比尔·盖茨

安全刀片大王
以客户为中心的创意法

这种以客户需要为出发点，为了实现客户的需求、愿望、理想甚至幻想而不断努力，以求有所创造发明的方法，就叫做以客户为中心的创意法，是创意法中较为实用的方法之一。

吉利是一家瓶盖公司的普通推销员，与常人不同的是，他特别喜欢从事发明创造，从 20 岁起，他就节省一切可以省下的开支，攒下钱用在自己的发明研究之中。不幸的是，20 年过去了，他一事无成，什么也发明不出来。

转眼到了 1985 年夏天，这天早晨，外出出差的吉利早早起床，准备赶乘火车返回公司。由于昨天已经买好了火车票，他必须按时到达车站。因此，他匆匆忙忙地洗脸刷牙刮胡子。这时，旅馆的服务员急匆匆赶来提醒他："先生，还有 5 分钟火车就到了。"

吉利本来就很着急，听到这句话，一紧张把嘴巴刮伤了。他赶紧地用纸擦拭血迹，忽然有个念头冒上脑海：要是有种更安全的刮胡刀，人们一定会很欢迎。

这一想法让他激动不已，他立刻投入到研究中。经过多次试验，他成功了，他发明了今天人们使用的安全刀片。他本人被人称作世界安全刀片大王。

吉利从自身需要出发，发明了安全刀片。这种以客户需要为出发点，为了实现客户的需求、愿望、理想甚至幻想而不断努力，以求有所创造发明的方法，就叫做以客户为中心的创意法，是创意法中较为实用的方法之一。

霍华德·海德改善滑板，就很好地体现了这一方法的实践过程。有一次，海德和朋友们一起去滑雪，可是那种又长又笨重的滑板使他摔了许多跤，这让他很恼火，抱起滑板转身回家。一路上，他念念不忘笨重滑板带来的烦恼，忽然间灵感出现，他想："我要是改进了滑板，让它更适合我，这样不是一举两得吗？既可以享受滑雪的快乐，又不至于摔跤受疼，而且说不定像我一样需求新滑板的人会很多，他们会为我带来财富。"带着这一梦想，海德投入到滑板改进工作中，终于获得成功，建立了海德滑板公司。后来，一家叫 AMF 的公司购买他的专利，生意特别好，特地赠给海德450万美元。

目前,许多产品的发明创新来自普通用户,在他们对产品不满的前提下,他们没有就此罢手,而是主动去发明、创造,于是开辟了一个独特的大市场。以顾客为中心的创意法具有自身特点。

1. 针对性强。

以顾客为中心,发现顾客对产品的不满和新需求,更容易寻找到创意之点。方便面的发明可算是此创意法的经典之作。安藤经营饮食小作坊,他注意到由于工作节奏加快,许多人不得不在饭店门口排队等待一碗热面条。为此他想能否制作一种开水一冲就可能吃的面条呢?经过钻研,他发明了方便面,既方便了顾客,又为销售者带来便利,从此开创了一个崭新行业。

2. 效益显著。

实际上,生活中很多创意都是从消费者那里得来的,是他们的需求带来了创造动机。傻瓜照相机发明前,人们使用照相机时比较繁琐,需要学会定光圈、掌握快门速度、聚焦等相关专业知识。这样一来,消费者的购买欲望就大为降低,特别希望出现一种更简便实用的相机。为了迎合消费者的需求,科研人员经过研制,果真发明了全自动相机,只要按下快门就能拍出照片,傻瓜都会操作,故取名"傻瓜相机"。该相机推出后,大受欢迎,销量陡增。

3. 消费者也能参与创意。

从自身需求出发,消费者也能进行相对的创造发明。有位小女孩吃罐头时,发现打开盖子太费劲了,因为当时的罐头盖子必须用开罐器才能开启,她想为什么不能发明一种更方便安全的盖子呢?结果侧拉环启式罐头应运而生,立即取代原有产品,成为备受欢迎的新产品。

"唯有忧患意识,才能永远长存。"
——英特尔公司董事长兼CEO 葛洛夫

驴子向国王求职的联想法

联想是创意思维方法之一，是从一定的思考对象出发，有目的、有方向地想到其他事物，以扩大或加强对思考对象某方面本质和规律的认识或解决某一问题。

林肯就任总统后，从美国各州来了不少人谋求官职。对此，他一开始还很有耐心，后来发现很多人没有真才实学，只会浪费自己的时间，就总想找个适当的办法劝说他们。

有一次，又有20多个人来到了白宫，他们携带的各种证件、推荐信占据了整个屋子。林肯见到这种情况，主动为他们讲了一个故事。

从前，有位国王十分信赖自己的占星家，每次外出都会让他占卜一下。有一天，国王准备带着贵胄们外出打猎，占星家说："陛下，您放心去吧，天气会很晴朗。"于是，国王带着人马浩浩荡荡出发了。

路上，国王心情很好，他看到一位农夫，主动与他招呼。农夫十分激动，一边回应国王，一边好心地提醒说："陛下，您会被淋湿的。"

国王不信他的话，依然去了狩猎之地。在那里，他们刚刚驻扎妥当，忽然空中乌云密布，顷刻间大雨如注，将国王一行淋了个落汤鸡。

国王大怒，立即回到王宫斩了占星师，并请农夫接替这一位置。农夫听说事情经过后，连忙回奏国王："不是我知道什么时候老天会下雨，是我的驴子！要是第二天是好天气，驴子的耳朵总是指向前方的。"

暴怒中的国王不由分说，任命驴子做了占星家。可是不久，他就发现自己这一决定多么错误。因为从那以后，所有的驴子都聚集在王宫前要求得到一官半职。

林肯讲完故事，意味深长地看着前来求职的人。那些人羞愧地低下头，很快散去了。从此，再也没有滥竽充数的人前来求职了。

林肯透过联想策略，表达了自己的想法。联想是创意思维方法之一，是从一定的思考对象出发，有目的、有方向地想到其他事物，以扩大或加强对思考对象某方面本质和规律的认识或解决某一问题。联想法分为强制联想法、联想系列方法。

强制联想方法又分为查产品样本法、列表法、焦点法等。指的是人们透过强制性联想思维，迫使大脑去想象那些根本无法联想的事物，以此刺激思维的活跃性，打破传统思维的屏障，产生更多、更新、更奇怪的想法，并从中找出有价值的成分的过程。美国有家玩具公司，十分善用联想思维，他们从"克隆羊多利"一事中受到启发，推出一项新服务：孪生姐妹。服务的内容是为顾客制作与他们的女儿一模一样的玩具娃娃，这项活动备受欢迎，生意火爆。

强制联想法效果显著，应用广泛。18世纪奥地利医生盎布鲁格发明叩诊法，就是从卖啤酒的父亲那里得到的启发。他发现父亲很神奇，不用打开桶盖，只要敲敲啤酒桶，就能知道桶内啤酒的多少。从这件事他联想到自己为病人看病时，也可以透过"敲打"的办法，了解病人身体内的情况，于是叩诊法产生了。只要遇到胸部疾病的病人，他就采取用手敲的办法试试，结果总结出很多病情变化的情况，成为后世医生尊奉的经典。叩诊法也成为疾病诊断的重要手段。

与强制联想法不同，联想系列方法主张以丰富的联想为主导，不必控制想象的大门，可以随心所欲、无所不包地畅想，这种联想强调发散性、无目的性，总之只要有所想，就会为之创造一切条件。杜里埃是"汽化器"的发明者，最初他费尽心思却无所收获。偶然的机会他从妻子用喷雾器浇花一事得到启发，将喷雾的方法用于发动机，混合空气和汽油，结果终于成功。

相对于各种创意方法来说，联想系列法较为简单和通俗，但它无疑是打开因循守旧堡垒的突破口，从此出发，才有各种可能出现，才有各种想法涌出，所以它的地位十分重要。有位艺术家参加一次关于"和平"倡议的活动，他选用一台二战时用过的大炮，将炮筒加热后拉长，打了个死结。炮身锈迹斑斑，让人想到过去的战争，而一个死结，无疑表示战争结束，人类永远期待和平。这种由此及彼的信息传导，正是联想法的具体体现。

"崭新而令人激动的时髦产品是绝对短缺的。"

——沃尔玛公司总裁戴维·格拉斯

董事长善用马拉松创意法解决问题

人类的大脑处于不停地运转当中,随时随地都会产生无数个想法、主意。可是,这些想法、主意并不能永远留存在大脑中,而是稍纵即逝,难以挽留。这样一来,人类就无法用它们创造更多的价值,为此需要透过不断地、大量地外部刺激,激发大脑的活跃度,保持高度的创意性,进而使大脑源源不绝地产生金点子,这就是马拉松创意法。

美国人注重创意思维,很多公司经常举办创新会议或者活动,激发员工们的创意欲望和积极性。

有家生产牙膏的企业,产品一度销量很大,可是自从进入第10个年头后,产品销量却持续下滑。为此,公司连续几个月召开全体员工大会,让大家开动脑筋,想办法解决销量问题。

职员们在带动下,纷纷提意见、想点子。很快,董事长的办公室里就多了一叠叠关于销售建议的数据。

董事长一件件阅读,却总觉得没有很适合的方案,为此他愁眉不展。

这天,有位年轻职员忽然敲响了董事长办公室的门,进来后举着一张纸条说:"我有个想法,如果您能采纳,必须付给我5万美元。"

"什么?"董事长生气地说,"你是公司的职员,每个月都领取固定的薪水,为公司解决问题是分内的工作,现在想要额外收入,实在太过分了!"

年轻人不慌不忙,解释说:"您不要误会。我的点子要是行不通,您完全可以丢弃,我一分钱都不要。"

董事长想,公司费尽心思地鼓舞职员们的士气,不就是为了得到一个有用的点子吗?如果他的点子真的好,5万美元又算什么?于是他答应了年轻人的条件,为其开了一张5万美元的支票,然后接过了他手中的纸条。纸上只写了一句话:将现有的牙膏开口扩大1毫米。

董事长心领神会,立刻下令更换新的包装,将牙膏开口扩大了1毫米。结果,消费者每天使用牙膏时都会多挤出1毫米,这样一来,消费量多出无数倍,公司的营业额增加了近三分之一。

董事长激励员工们的做法,是马拉松创意法的表现。正是在他的鼓舞下,年轻人才想出了好点子,而他也从众多方法中,最终得到了解决问题的最佳方案。

人类的大脑处于不停地运转当中,随时随地都会产生无数个想法、点子,可是,这些想法、点子并不能永远留存在大脑中,而是稍纵即逝,难以挽留。这样一来,人类就无法用它们创造更多的价值,为此需要透过不断地、大量地外部刺激,激发大脑的活跃度,保持高度的创意性,进而使大脑源源不绝地产生金点子,这就是马拉松创意法。

"马拉松创意法"一般遵循以下定律:

1. 不具体的点子更重要。

研究发现,人类所运用的脑力其实不及全部的百分之一,所以无论怎样使用大脑都不会出故障。就算是故意地耗用,脑部也照样能发挥功效。这是想出点子,也是不断想出点子的基础。所有的商品都需要不断地改良,因此,不具体的点子、不断产生的新点子比已成形的点子重要。

克鲁姆是马铃薯片的发明者。1853年,他在一家餐馆做厨师时,不巧遇到一位吹毛求疵的顾客,抱怨他的油炸食品太厚、太难吃。克鲁姆十分气愤,将手边一个马铃薯切成极薄的薄片,扔进了沸油中。没想到,这一扔扔出了新的发明。炸出来的马铃薯片色泽金黄、风味独特,立即受到了广大消费者欢迎,并最终成为美国的特色小吃之一。

2. 实时回想点子,并付诸使用。

想出一个点子,也许会遗忘,一般只要是两天以内,应该都可以再回想起来。每一棵橡树都会结出许多橡树种子,但说不定只有一两颗种子能长成橡树。因为松鼠会吃掉大部分的橡树种子。

3. 不要拘泥于一个想法。

人们常说"浮想联翩",指的是想法会一下子产生很多。这时,千万不要只拘泥于其中的一个。

4. 点子再生产。

当想要尝试实现点子时,会连带地想出其他多个点子。因此,要想得到更好的点子,不妨先设想出多个点子,从中衍生更多点子,这种再生产的方式,无疑会带来最佳的点子。日本好握速(HIOS)会社的社长户津胜行就是擅长点子再生产的人。他被称为"螺丝钉社长",因为他从小小的螺丝钉中不断产生新想法,接二连三发明了十字槽螺丝钉、Tostupura 螺丝钉,既节省了时间,又增加了耐用度。而且他从螺丝钉出发,又发明了与之相配套使用的螺丝刀,销售额持续增高。

最后,无论想出了多少个点子,千万不可因此而自满,因为点子只出现在虚心进取的人身上。

"在这个公司,你不犯错误就会被解雇。"
——时代华纳公司已故总裁史蒂夫·罗斯

司马光砸缸砸出来的逆向创意法

逆向法在创意中常常使用,是指从反向提出问题进行思考,以求得比正向提问题更理想的效果。如能充分加以运用,创造性就可加倍提高。逆向法的核心是从对立的、颠倒的、相反的角度去想问题,逆常规思路的思考。

司马光是北宋时最有名望的大臣之一,他是陕州夏县(今山西夏县)人。他的名声从幼小的时候已经传开了。据说他七岁那年,就开始专心读书。不论是大伏暑天或数九寒冬,他总捧着书不放,有时候连吃饭喝水都忘了。

司马光不但读书用功,而且很机灵。有一次,他在后院读书,一群小伙伴们在后院子里玩耍。后园里有假山,假山下有一口大水缸,缸里装满了水。有个小朋友爬到假山上去玩,一不小心掉进了大水缸。缸大水深,眼看那个孩子就要灭顶了。

这时,其他孩子慌了,有的吓哭,有的叫喊着往外跑,去找大人来救人。司马光听见喊叫声,连忙放下书本走过来,他见到有人掉进水缸,一不喊叫,二不惊慌,而是顺手捡起一块大石头,用尽力气朝水缸砸去,就听"砰"的一声,水缸砸破一个洞,缸里的水流了出来。

缸里的小朋友得救了。其他孩子见此,都高兴地欢呼起来。这件偶然的事情,使幼小的司马光出了名。东京和洛阳有人把这件事画成图画——《小儿击瓮图》,广泛流传。

小孩落水会淹死,要救出落入水缸的小孩,常规方法是把人拉出水面。司马光不从常人想的"人离水能活"这一角度出发,而是反过来运用"水离人,人也能活"这种思维方法,结果砸破水缸救出小孩,这是典型的逆向思维创意法。

逆向法在创意中常常使用,是指从反向提出问题进行思考,以求得比正向提问题更理想的效果。如能充分加以运用,创造性就可加倍提高。比如弗兰克·维特勒(Frank Whittle)使风力逆转,进而发明了喷气式发动机。比尔·汉米尔顿(Bill Hamilton)改进了这个理论,创造喷气轮船。在此原理基础上,又进一步推出了真空吸尘器。

逆向思维可分为功能反转、结构反转、因果反转、状态反转等几种。

功能反转是指,从已有事物的相反功能去设想和寻求解决问题的新途径、新方法,获得新的创造发明。日本人滨里希望打得一手漂亮的高尔夫球,为此勤学苦练。可是由于没有草坪,练习很难进行,进步不大。这天他忽然想到为什么不在高尔夫球外面包上一层毛,这样不也能增加摩擦力吗?他试验以后,效果不错,从此长毛的高尔夫球诞生了,很多人用它在楼道、平地都可以进行练习,就像拥有草坪的富翁一样。

从已有事物的相反结构形式,去设想和寻求解决问题的新途径的创造性思维方式,属结构反转。

事情通常都是先有因后有果,先后分明,可是如果反过来,从事情的结果入手去推导起因,进而寻找到解决问题的方法,这叫做因果反转。埃尔维斯计程车公司一反常规,推出"我们第二,我们更努力"的系列广告活动,取得巨大成功。

从已有事物的另一属性,反转过来,发现或创造一种新的产品或技术的方法称作状态反转。法拉第从"在铁棒外缠上铜线,并将铜线通上电流,中间的铁棒就会变为磁铁"这一原理入手,透过给磁铁缠上铜线,推论:"产生感应电流,运动是必要条件。"并因此发明了发电机。

逆向思维是创意常用的方法和原则,当思考的问题用常规方法得不到解决时,应考虑转换思考角度来重新思考。进行逆向创意时,以下几点要加以注意:

1. 向反面延伸。

将一切颠倒过来、专门列举缺点、站在对立者的角度、让头脑疯狂一下、换一个环境、暂时将其遗忘、从一个不相干的起点开始⋯⋯这些都是延伸反面,获得逆向创意的好方法。

2. 从本质上逆向思考。

所谓逆向不是简单的表面逆向,不是别人说东我偏说西,而是必须深刻认识事物的本质,真正从逆向中做出独到的、科学的、令人耳目一新的超出正向效果的成果。

3. 正向和逆向互相结合。

正向和逆向本身就是对立统一,不可截然分开的,以正向思维为参照、为坐标,进行分辨,才能显示其突破性。

　　总之,逆向思维并不神秘,只要打破平时的行动常规和思考模式,从相反方向看一看、想一想、听一听,就可能获得意想不到的新鲜思路。一个人每天都沿着固定的路线散步,有天偶尔从道路的反方向散步,发现了很多新奇的事物,惊愕之余猛然意识到,这些新事物并非新的,而是他从相反的方向观察的结果。

> "切勿随便扼杀任何新的构想,只有容忍错误,才能够进行革新。"
> ——3M公司管理者的座右铭

枯井里的驴子懂得
分 类 列 举 法

分类列举法又称属性列举法（Attribute Listing Technique），是由克劳福德（Robert Crawford）于1954年提倡的一种著名的创意思维策略。此法强调使用者在创造的过程中，观察和分析事物或问题的特性或属性，然后针对每项特性提出改良或改变的构想。除了希望点列举法外，分类列举法还有特性列举法和缺点列举法。

农夫养了一头驴子，一天，驴子不小心掉进枯井里，怎么也爬不上来。农夫想了很多办法，也不能救出自己的驴子。听到驴子在井底痛苦的哀嚎声，他心有不忍，想："这头驴子年纪大了，既然没有办法救上来，就把它埋葬在井里吧，总比活活困死强多了。"

于是，农夫请来了亲朋好友，大家帮忙一起填平枯井。

大家人手一把铁锹，开始将泥土铲进枯井中。这时，那头驴子明白了怎么回事，不由悲泣起来。人们听到悲泣声，无不觉得难过。可是，过了一会儿，悲泣声没有了，那头驴子安静下来。农夫站在井边，不知道井底发生了什么事，忍不住朝下望望，竟被眼前的情况吓呆了：那头驴子正在将身上的泥土抖落一旁，然后站到泥土堆上面。

随着铲进的泥土增多，驴子爬得越来越高，最后，它上升到了井口，在众人诧异的目光中，抖抖身体跑走了。

驴子为何爬出了枯井？因为它从绝望中看到了希望，并抓住了希望。在各种创意法中，透过不断地提出"希望"、"怎样才能更好"等等的理想和愿望，进而探求解决问题和改善对策的技法，叫做希望点列举法。

希望点列举法属于分类列举法的一种。除了希望点列举法外，分类列举法还有特性列举法和缺点列举法。前者透过对需要革新改进的事物做观察分析，尽量列举该事物的各种不同的特征或属性，然后确立改善的方向及如何实施。水壶的改造就是一个典范。特性列举法需要选择明确的创新对象；把创新对象的特性一一列举。后者则是透过挖掘设想（产品）缺点而进行创新的方法。例如在改进电话时，考虑电铃声过大、电线是种阻碍、回转盘很难操作、颜色不好……属于缺点列举法。

分类列举法有一个特点，就是创意点是变化的，比如有些创意希望点开始被认为不可行，后来却变得很有用。泌尿科医生引入微爆破技术，消除肾结石，就是借用了其他领域的发明。有些情况恰恰相反，被认为很可行的创意换了时间、地点，却毫无用处。过去中国用的鞋号是从国外来的，产品不适合中国人的脚型，后来根据中国人的脚型，重新创造鞋号，造出的鞋子就适合中国人的脚型了。

不管哪种分类列举法，具有的作用是相同的，可以表现在以下几方面：

1. 强调事物的特性、属性，进而可以帮助人们更准确明了地认识事物本质，针对性强，思维更为活跃、摆脱麻木和僵化状态。

2. 能够拓展人们的认识，从更全面、更广的角度去感知事物，防止遗漏。

3. 透过比对特性和属性，找出新老产品的差别，有助于新产品的开发利用。钢笔发明之初，笔帽需要拧才能盖好，费力又费时，注意到这个缺点后，人们将原来的一根螺纹改成三根并行的螺纹，这样减少了拧的时间。在比对这两种特点后，派克发明了流线型钢笔，笔帽插进去就行了，不用再拧。

> "创新＝新思想＋能够带来改进或创造利润的行动。"
> ——3M 公司的创新理念

麦考尔董事长
利用水平思考法变废为宝

水平思考法，由英国心理学家爱德华·德·波诺（Edward de Bono）最早提出。此种思考方法主张围绕特定的主题，离开固定的方向，突破原有的框架，朝着若干方向努力，是一种发散型思维方法。

1946年，有对死里逃生的犹太父子来到了美国休斯顿。为了生存，他们从事铜器生意，日子过得非常紧张。可是他们善于动脑，不肯向生活低头。这天，父亲忽然问儿子："一磅铜多少钱？"

儿子奇怪父亲怎么会问这个问题，回答说："35美分啊，这是市面上通用的价格，您不清楚吗？"

"清楚，"父亲说，"所有德州人都清楚。可是作为犹太人的儿子，你应该知道，一磅铜的价格是3.5美元！去，试着把一磅铜做成门把手，看看会卖多少钱？"

儿子试着做了，果然卖出去3.5美元。这给他很大的启发，为他带来生意上的全新思维理念。经过20年奋斗，他的铜器店不断扩大，他成为麦考尔公司的董事长。他依然经营铜器业务，他做过瑞士钟表的簧片，还做过奥运会奖牌，他能将一磅铜卖到3 500美元。可是这一切对他来说，并不是最高成就。1974年，他成功收购自由女神像翻新后的废料，一举将此卖出去350万美元的天价，让一磅铜的价格翻了一万倍。

这件事情说来令人激动，可是在当时并没有多数人支持他，甚至不少人还嘲笑、瞧不起他。

美国政府为了处理自由女神像翻新后的废料，向全社会招标，却无人应答，因为大家都觉得一堆废铜烂铁不值钱，而且处理垃圾还会遇到严格的法律管理，弄不好会被环保组织起诉，得不偿失。可是这件事传到他的耳中，他二话不说，立即飞赴纽约，在成堆的废弃铜块、木料中，什么条件也没提，就签字认购了。

此事一度成为话题，前来为他运输废铜的司机们都表示不解："他真是糊涂了，买下一堆废铜干什么？"

他对人们的议论置之不理，埋头开始了自己的下一步计划。他组织人员将废铜加工成了小自由女神像，把其他废金属做成纽约广场的钥匙……总之，他将一般人眼里的垃圾变成了宝物，高价出售，结果，短短几个月，他不但处理了这堆废品，还换回整整350万美元钞票。

变废为宝，是麦考尔公司的董事长进行水平思考的结果。水平思考法，又叫横向思考法，由英国心理学家爱德华·德·波诺最早提出。透过此种方法思考时，一般围绕固定的主体，以此为点，从不同方向、不同角度，突破原有框架，进行发散式、全方位思维。它的特点是扩散的范围越广，产生的想法、点子就越多，创造发明的可能性也就越大。

吉尔福特曾经说："正是发散思维使我们看到了创新思维的标志。"说出了水平思考法的重要价值。自从居里夫妇发现了放射性元素，在此基础上许多科学家又发现了更多的新放射性元素，后人透过创造地利用这些放射性元素，使它们成为科技领域的重要成员，广泛应用在工业、农业、医药、科研等领域。

水平思考法形式多样，内容丰富，可以从材料发散、功能扩散、形态扩散三方面加以认识研究。这三者分别以某种材料、某种事物的功能、某种事物的形态为基点，透过设想它们的多种用途，加以研究改进，进而达到一定目标或认识。在进行水平思考法创意时，需要把握一定的原则和要求。

1. 寻找合适的发散源。

发散源是发散思维的基础，只有充分了解适当的发散源，对它的科学原理、技术水准有所掌握，才能够在此基础上寻找合适的新途径、新方法，创造新产品。

2. 从反面、侧面寻找多种观点和看法，尽可能找出更多解决问题的方法。

哲学家查提尔说："当你只有一个点子时，这个点子就太危险了。"指出了水平思考法的重要特色。

3. 注意偶然性的想法和点子。

往往这些构思会带来意想不到的结果，所以进行深入地发掘和研究，是十分必要的。

水平思考法具有流畅性、变通性和独特性三个特点。其中独特性是它的本质，也是它的目的，只有独特性的思维才能带来全新的成分和结果。而流畅性表现了水平思维的速度，变

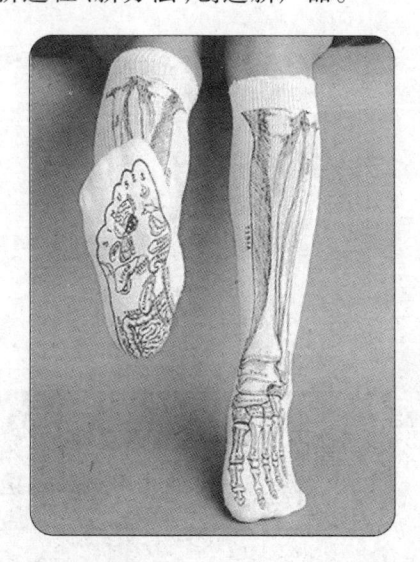

通性代表着思维的灵活性，也有十分关键的作用。明可夫斯基在研究胰脏的消化功能时，切除了狗的胰脏，结果这只狗的尿引来很多苍蝇。他由此联想到胰脏可能与糖尿病有关，进而解开糖尿病的发病原理。

当然，要正确掌握水平思维，需要大家认真学习，真正理解和掌握各学科的基本知识，并能仔细观察生活，做发明的有心人，才可能得到应有的成绩。

"你不能保持镇静而且理智，你必须要达到发狂的地步。"
——通用电气公司董事长兼 CEO 杰克·韦尔奇

三个奴仆的反向思维法

反向思维,又称犹太人的反问式,是一种极端的创意思维,它将创意思维的方向和逻辑顺序完全颠倒过来。反向思维对于打破常规、打破权威、超出常识、打破思维定势,具有独特的作用。对于创立新思想、新学说、新点子、新策划具有独特的思维效果。

古罗马时期,有位主人手下有三个奴仆,他决定利用外出旅行的机会考察一下他们的才干,就在临行前分别交给他们3个金币。

第一位奴仆拿到金币后,用于经商,很快赚到了3个金币。第二位奴仆呢,也千方百计赚钱,赚到了2个金币。而第三位奴仆,他很小心,害怕丢失了金币,就将它们埋到了土里。

几个月后,主人回来了,询问三个奴仆金币的情况。第一位和第二位奴仆如实回答,并交回所赚的金币。主人很高兴,对他们说:"你们做得很好啊,是充满自信的人,我会让你们掌管更多事情,做我忠实的仆人。"

这时,第三位奴仆走过来,他手里捧着仅有的3个金币说:"主人,我知道你想成为一个强人,收获没有播种的土地,收割没有撒种的土地。我很害怕,于是我把钱埋在了地下。看,这就是我埋藏的金币。"

主人见此,极为生气,他大声说:"你可真是又懒又缺德,你既然知道我想拥有更多财富,那么即使你不会赚钱,最少也该懂得将金币存在银行里,这样还会有利息。不至于像现在,白白浪费几个月时间,一分钱都没有赚到!"他越说越生气,命人夺过这位奴仆手里的金币,交给了第一位奴仆。

主人的妻子不忍第三位奴仆被剥夺了所有钱财,小声对丈夫说:"第一位奴仆已经有6个金币了,为什么还要给他啊?"

主人气呼呼地回答:"凡是有的,还要给他,因为他懂得赚钱,知道劳动,所以让他更加富足;而没有的,都是懒惰的家伙,不懂得劳动的价值,所以连他拥有的,也要夺去。这是财富的基本法则。"

财富不属于保守者,因为他没有创意。20世纪60年代,知名社会学家莫顿,

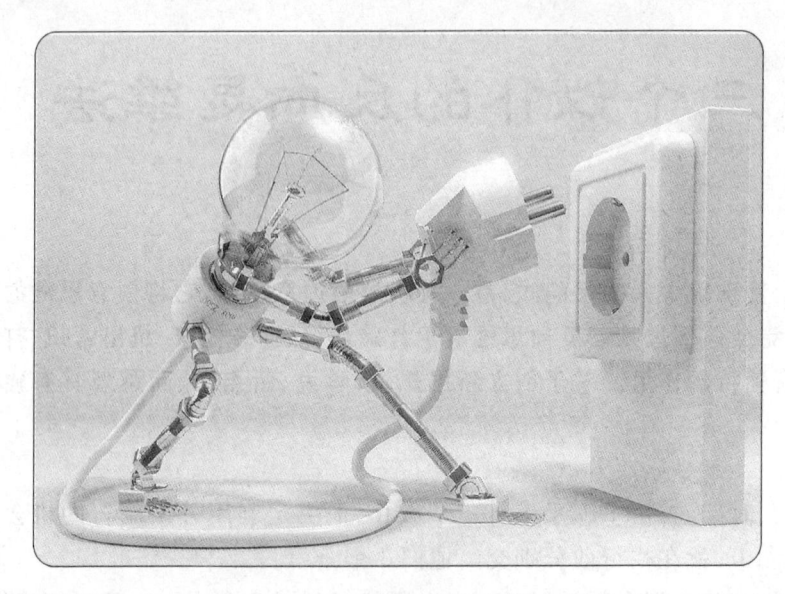

首次将"贫者越贫、富者越富"的现象归纳为"马太效应",从此引起人们高度关注。特别在经济领域,马太效应带来了很多反向思维。

什么是反向思维?它具有哪些特点和用途呢?

反向思维,通常又称犹太人的反问式,这是一种将原有思维的方向、逻辑顺序完全颠覆,进行极端思维的方式。油炸食品有害健康已经成为全球人共认的,作为提供油炸快餐食品的麦当劳该如何应对?避而不谈显然是心虚表现,索性正面应对"偏向虎山行",这就有了不谈理性只讲感性的表达——"我就喜欢",成功捕获成千上万消费者的心。

进行反向思维,对于创立新学说、新点子、新方法具有独特的效果,因为它在打破常规、传统和权威方面作用强大,无与伦比。特别当遇到困境时,反向思维会起到更为重要的作用。正是反向思维独特而强大的作用,它常常被用在企业管理中,用来突破困境,将所有问题迎刃而解。

比如,在企业资源分配上,一般情况下会采取"扶弱"的做法,扶持一些资金、人力不足的部门,可是这样的效果往往不佳,不仅"弱"的项目得不到进展,还会连累强项没有足够的资金和人力发展。这时如果采取反向思维,抑制弱项,辅助强项,让强者更强,会突出产品特色,扩大经营效益。

可见,反向思维法在创意中意义重大,能将看似矛盾的社会生活现象进行新的定位,比如服务员不是服务员,而是顾客;老板不是雇主,而是顾客。世界是动态的,也是统一的。从日本、香港的发展中,可以看出反向思维的特色,他们本来都是最缺乏经济资源的地方,却能成为最发达的经济社会,这很好地说明了一个现象:将常规思维颠倒过来,反向思维,会得到一个完全不同的新世界。冰冻食品业来自于克拉伦斯·伯德埃在加拿大北极圈的一次偶然发现。在那里,他见到了冰冻的鱼,想到冰冻法可以替代罐头食品。

综上所述,反向思维,跳出三界之外,不在五行中,跳出某种惯性和定势就会出现超常的飞跃。

"如果你有两个思想一致的人,解雇一个。你要一个副本做什么?"
——芝加哥公牛队经纪人杰里·克劳斯

2+5=10 000 打开头脑风暴法

头脑风暴法,又称智力激荡法或自由思考法,由美国创造学家奥斯本于1939年首次提出,1953年正式发表。它是一种透过小型会议的组织形式,诱发集体智慧,相互启发灵感,最终激发创造性思维的程序方法。头脑风暴法在创意中应用很广,透过此法进行创意时,大体包括准备阶段、热身阶段、明确问题、重新表述问题、畅谈阶段、筛选阶段6个部分,其中,畅谈阶段是创意的核心阶段。

闻一多先生给学生上课时,喜欢启发他们的想象力。有一次,他在黑板上写了一道算术题:2+5=?

学生们很疑惑,不知道先生想讲什么。这时,闻先生却很固执,一定要同学回答这道题目。学生们只好老实回答:"等于7嘛!"

"是,"闻先生说,"在数学领域里,2+5=7没有错,是千古不变的真理。可是这道题目如果在艺术领域呢?大家想一想,2+5=10 000有没有可能?"

学生们听此,无不瞪大眼睛,有人还低声说:"10 000,怎么可能?"

此时,闻一多先生拿出一幅题为《万里驰骋》的国画,展现在学生们面前。画面上最近处是两匹奔腾的骏马,在他们身后,远近不一地还有五匹马,它们飞奔中,尘土飞扬,在这五匹马后面,就是一些似有若无的黑点点了。

闻先生指着画作,为学生们分析说:"大家看,这幅画乍一看只有七匹马,可是仔细欣赏,所有人都会感觉到万马奔腾的气势,对不对?这难道不是2+5=10 000吗?

学生们恍然大悟,他们这才明白闻一多先生是用这个方法,形象地说明艺术作品与数学公式不同,它会留给人无限的想象空间。

闻一多先生鼓励学生在艺术世界畅想,是头脑风暴法的表现。头脑风暴法,又称智力激荡法或自由思考法,由美国创造学家奥斯本于1939年首次提出,1953年正式发表。它是一种透过小型会议的组织形式,诱发集体智慧,相互启发灵感,最终激发创造性思维的程序方法。

头脑风暴法在创意中应用很广,透过此法进行创意时,大体包括准备阶段、热

身阶段、明确问题、重新表述问题、畅谈阶段、筛选阶段6个部分,其中,畅谈阶段是创意的核心阶段。

在实际创意中,头脑风暴法一般遵循几条原则:

1. 自由畅想、自由言论原则。每个人都有畅想和发表意见的权利,每个创意都应该受到同样的尊重。

2. 禁止批评原则。不管是谁,不能对别人的意见提出批评和评价。

3. 创意越多越好原则。构思越多,越可以产生优秀的创意。

4. 取长补短原则。在提出个人意见时,鼓励他人对已经提出的设想进行补充、改进和综合。

另外,为了能够产生更多更好的创意,对于会议中所有的创意都应记录在案,以备将来参考之用。

奥斯本创立的头脑风暴会系列,一般5~10人,其中一人为主持人,1~2名纪录员(最好不是正式参加会议的人员),人人参与;会议时间为1小时之内,地点不受外界干扰,自由奔放,严禁批判(延迟评价原则),求数量,善于利用别人的想法开拓自己的思路。

头脑风暴法还有几种变异形式:

1. 默写式头脑风暴法,由德国鲁尔巴赫所创,会议有6人,每人提出3个点子,会议时间5分钟,用卡片记录每个点子。

2. 卡片式头脑风暴法,分为 CBS 法和 NBD 法。前者诞生于日本,最初 10 分钟,各人在卡片上写设想,接下去 30 分钟,轮流发表设想,剩下 20 分钟,与会者相互交流探讨,以诱发新设想。后者 5~8 人参加,每人提 5 个以上设想,一张卡片上写着一个设想。会议开始后,各人出示自己卡片,并说明。若有新设想立即写下来。将所有卡片集中分类,并加标题,然后再讨论。

> "未来真正出色的企业,将是能够设法使各阶层人员全心投入,并有能力不断学习的组织。"
> ——学习型组织理论创始人彼得·圣吉

酋长女儿妙用质疑思维法

质疑思维是指创新主体在原有事物的条件下,透过"为什么"(可否或假设)的提问,综合应用多种思维改变原有条件而产生新事物(新观念、新方案)的思维。奥斯本检核表法是常用到的质疑思维法之一。

很久以前,在中国少数民族地区有一位酋长,他有三个女儿。一天,他问女儿们:"你们喜欢爸爸吗?"大女儿知道她爸爸喜欢甜食,就讨好地说:"我喜欢爸爸就像喜欢糖一样。"二女儿也紧接着说:"我喜欢爸爸像喜欢蜂蜜一样。"酋长听了很高兴。最后轮到小女儿,她说:"我像喜欢盐一样喜欢爸爸"。酋长听了大怒:"我怎么能像盐一样的便宜?"他把小女儿驱逐到一个非常遥远的山寨。

过了一段时间,酋长想念他的小女儿,有些后悔,就到小女儿住的地方看望她。小女儿非常热情地款待她的爸爸,做的菜里一点盐也不放,却放了许多糖,后来又改成了蜂蜜,酋长吃得非常高兴,知道女儿孝敬自己,更舍不得离开,有意多住了一段时间。

时间一长,酋长每天吃的菜都是甜腻腻的,不觉倒了胃口,这时,聪明的小女儿看时机成熟了,就在菜里放了一点盐,酋长吃了赞不绝口,忙问这道菜是怎么做的,小女儿说:"就是放了一点不值钱的盐。"酋长恍然大悟,盐比糖更珍贵,他知道错怪了小女儿,父女之间终于和好了。

这个故事说明人们对习惯的事物不再敏感,反应也就迟钝了,甚至视若无睹,认为是自然而然的事情,从来没有想到还有什么不合理的地方。创意活动就是要突破惯性思维,提出新问题,常常运用到质疑思维的方法。

质疑思维指的是在原有事物、问题存在的条件下,可以提出新的假设或疑问,并透过运用多种思维改进原来的条件,促使新事物诞生。这种思维具有疑问性、探索性和求实性三种特征。

进行质疑思维时,常常用到奥斯本提出的9条创意法则。在实际操作中,奥斯本的创意技巧被广泛应用,效果极佳。下面我们较为详细地了解一下这9条技巧。

1. 还有没有其他用途。从商品现在具有什么作用入手，考虑稍加改变以后会变成什么样子，还有没有用处？这是创意的基本技巧。1893年，贾德森获得拉链发明专利，将其用于高统靴，但没有成功。瑞典人桑巴克于1913年改进了粗糙的"拉链"，用于钱包上，后又用于海军服上，大受欢迎。之后，人们想到了拉链的更多用途。例如，一个奥地利外科医生把一条拉链缝入一个男人的胃里，还有人将拉链用于渔网苗棚上。拉链的生命周期随着新用途的不断发现而得到延续，并且各种新的拉链也不断产生，形成了拉链产品系列。

2. 能否模仿其他点子。创意者可以从类似产品进行比对，看一看能否借用其他点子，或者模仿其他产品。比如利用旧的曲调改写新歌。

3. 变动、改变后会怎样？如果将产品进行改造，从形状、颜色、气味等等做出改变，后果会如何？

4. 扩大与增加的技巧。对创意目标加上了某些东西以后会怎么样？比如延长时间、增加次数、加长长度等等，扩张以后，会带来怎样的价值变化。针对普通轿车容积小，开发出了加长轿车；针对汉堡体积较小，麦当劳生产出了巨无霸汉堡。而普林斯公司（Prince）透过扩大网球拍，大大地提高了利润。

5. 缩小与舍去的技巧。斯蒂芬森发明火车就曾运用了省略。过去，机车是用齿轮咬合着齿轨行驶的。学者们都认为，如果不安上齿轨，机车就会在轨道上打滑和脱轨。当时，斯蒂芬森是一位司炉工人，他总在千方百计使机车跑快点。他制造了许多模型，都是安有齿轮的，无论用什么方法也不能提高车速。几年过去了，他想，把齿轮取下来，换上轮子试一试。结果机车不但没有打滑，而且提高了5倍至10倍的速度，并且没有脱轨。他申请了专利，并获得了火车发明家的称号。

6. 代用技巧。有些东西可以用其他物替代，这种情况下效果会怎么样？替代者和原产品之间存不存在矛盾？替代既可以是物品，也可以是声音、过程、方法甚至动力。

7. 重装或改装技巧。比如换个造型,改变顺序、日程,换种设计……究竟会带来怎样的后果?比如引擎装在后头、中式便餐改西式菜肴。

8. 颠倒技巧。与原来相反会怎么样?正面和负面、上和下、前和后,完全使两者相反,会产生什么效果?

9. 组合技巧。

考巴克认为以上9项技巧可透过附加以下技巧来扩大范围:增加、分割、排除、缓和、反转、切断、代换、一体化、扭曲、转动、平伸、沉入、冻结、软化、膨胀、绕弯、附加、扣除、减轻、反复、加厚、展开、挤出、淘汰、防卫、拉开、合并、象征、抽象、切断。

"最容易使人上当受骗的是言听计从、唯唯诺诺的人;我宁愿用那种脾气不好,但勇于讲真话的人作为领导者,你身边这样的人越多,办成的事也越多。"
——IBM第二代领导人小托马斯·沃森

从电报机到电话机
发明体现臻美法

臻美法是以达到理想化的完美性为目标的创意方法系列,既涵盖联想法、模拟法,又包括各种列举法,具有以下特点:把创意对象的完美、和谐、新奇放在首位;内容广泛;将最高的质量、功能发挥到极限,进而让核心竞争力强大得惊人。

1837年塞缪尔·莫尔斯发明电报机后,极大地方便了人们传递各种信息。可是从中人们也感到了不足,因为传送一份文档需要花费很长时间,而且不能即时交流。于是,人们想到要是发明电话,用电流传达人们说话的声音,随时交流意见就好了。

这个想法激发了很多人的兴趣,他们投入到实验中。1860年,德国人莱斯第一次用电流传送了一段旋律。这可是了不起的事情,他将自己发明的装置称作"telephone",这成了后来电话的名字,一直沿用至今。

可是,"telephone"只能传送旋律还远远不能满足人们的需求,在此基础上,人们依然勤奋地探究不止。

1873年,26岁的亚历山大·格雷厄姆·贝尔在研究多路电报机时,意外发现电报机上的簧片被黏在磁铁上,当拉开簧片时发出了声音。这让贝尔十分兴奋,他想既然震动可以传递声音,那么人说话的声音也可以透过震动传递,于是经过两年时间钻研,发明了一种传递单音的"电话机"。

贝尔的目标可不是到此为止,他追求完美的传音效果,因此继续刻苦钻研,1876年,他和助手在两个实验室试验发明的电话机时,助手第一次完整地听到了贝尔发送的一句话:"请到这儿来,我需要你!"从此,人类历史上真正的电话机诞生了。

此后,许许多多的人又不断地对电话机进行改进,将其逐渐完善。

从电报机到电话机,电话机从简单到完善,这一系列发明创造体现出人类追求完美的天性。人人都渴望完美,在思维时以完美为追求目的,就构成了臻美创意法。此方法理想化特色显著,具有以下几个特点:

1. 把创意对象的完美、和谐、新奇放在首位。

在创意中充分调动想象、直觉、灵感、审美等诸多因素,用各种方法实现创意目标,是臻美法的最突出特色。由于完美性意味着对创意作品的全面审视和开发,所以属于创意方法的最高层次。

2. 臻美法内容很多。

联想、模拟、组合是臻美的可靠基础,创意由它们走向臻美。而各种列举法,像缺点列举法、希望点列举法,都是臻美方法的代表形式。不管找出作品或产品的缺点,还是提出改进的希望,目的都是使其更完美、更有吸引力。追求完美是无止境的,因此臻美法也是一个不断努力的过程。

3. 突出优点。

臻美法的最终目的是突出优点,将最高的质量、功能发挥到极限,进而让核心竞争力强大得惊人,这是产品向精度延伸的过程。

臻美法可以采用多种思维方法,比如联想想象法、整体思维法、蜘蛛思维法、全息思维法等。

联想想象法是根据某一点、某一则信息,向不同的方向同时推进,是一种举一反三的创意思维。一叶知秋,从一片秋叶联想冬天要来,可以及早准备取暖产品。

整体思考,又名立体思维,是将各个思维要素统一起来,进行整体思考,避免思维中的单向性、片面性和非联系性。创意如果没有整体性,就如一盘散沙,很难发挥作用。

蜘蛛思考,指的是像蜘蛛一样,透过建立网络,将任何现象、事物都看成是互相牵连的,是一种动态的、连动的创意思维。

全息思维是从某一点、某一信息,向所有的点、线、面作辐射、渗透,向所有的行业领域辐射、渗透。这就像一块宝石,可以向周围反射光芒,由此形成无限完整的创意世界,无限美妙的色彩天地。

综上所述,几种思维方法都有助于臻美创意产生。

"创新靠的是集体的共同努力。"

——3M 公司总裁 L. D. 德西蒙

中药茶馆的组合法

组合法又叫分合法,指按照一定的技术原理或功能目的,将两个或两个以上分立的技术因素,透过巧妙的结合或重组,而获得具有统一整体新功能的新产品、新材料、新工艺等新技术的创造发明方法。在生活中,两个或两个以上的技术因素组合在一起的事物非常多见。以创意扬名全美的广告大师詹姆斯,曾经一针见血地指出:创意完全是旧元素的新组合。

伊仓产业公司是日本有名的中药企业,在20世纪70年代,他们面临着严峻的市场挑战。当时,人们普遍信奉西医,逐渐冷落中医,中药根本卖不出去,为此公司经营十分艰难。

石川社长看到公司业务一日日萎缩,内心焦虑,绞尽脑汁地寻求改变良机。这天,他到一家茶馆喝茶,看到店内熙熙攘攘,人来人往,忽然灵机一动:要是自己的中药店也像茶馆一样,不是可以吸引更多顾客上门吗?

这一想法让石川社长格外激动,他急忙组织人员分析调研,并很快投入到实施之中。他们将位于东京的中药店进行改造,按照茶馆式样做了装饰,店内豪华气派,格调高雅,并且装设了空调、灯光、音响等现代设备。原来的中药店摇身一变,既不幽暗深沉,也没了浓重的中药味,走进去后,只见墙壁绿莹莹的,给人清新之感;装中药的壁柜干净明亮,上面陈设着各色中药饮料,一眼望去,散发着浓郁的现代都市生活气息。

这一全新的、生活化的经营模式立即吸引了大量顾客,特别是以前对中药不感兴趣的年轻人,他们纷纷前来体验中药茶馆的感受。结果,店内常常座无虚席,生意十分兴旺。看到客人们在动听的流行乐曲声中,品味既能强身健体又合口味的中药饮料,石川社长备感欣慰。他知道,在这家店铺带动下,一定会带来其他中药店的繁荣。

果然,中药茶馆激发起人们对中药饮料的信心,他们从四面八方写信要求公司提供配方和订单,结果,从前没有人理会的中药,一下子成了人们竞相购买的珍品,销售量迅猛提升。

开中药店和开茶馆是两个不同的行业,把这两个不同的行业组合在一起,产生了意想不到的效果。这体现出组合法的神奇作用。1961年,戈登在《分合法:创造能力的发展》一书中指出一套团体问题解决的方法,此法主要是将原不相同亦无关联的元素加以整合,产生新的意念、面貌。从此,分合法正式成为主要创意法之一。

分合法就是组合法,是指按照一定的技术原理或功能目的将现有的事物的原理、方法或物品,做适当组合而产生出新技术、新方法、新产品的创新技法。组合的方式分为:① 同物组合,也称同物自组,就是若干相同事物的组合。② 异类组合,两种或两种以上不同领域的技术思想组合,两种或两种以上不同功能的物质产品的组合,都属异类组合。在两块玻璃中间加入某些材料制成防震玻璃,在牙膏中加入某种药物,制成了治疗牙病的新牙膏,都是典型的异类组合。③ 重组组合,在事物的不同层次分解原来的组合,再按新的目的重新安排,此即重组组合。④ 同一组合,不同的或相同的事物共享同一原理,同一装置等的组合。⑤ 概念组合,以命题和词类进行的组合。⑥ 综合,综合是一种更高层次的组合,比如爱因斯坦综合了物理、数学知识提出相对论。

在技术创新中,组合法常常被使用,效果显著。玻璃纤维和塑料结合,产生了耐高温、高强度的玻璃钢;带电子表的圆珠笔、录音机、电唱机等等,都是组合法的结果。以创意扬名全美的广告大师詹姆斯曾经一针见血地指出:创意完全是旧元素的新组合。可见组合的方式很多,涵盖面广。

尽管组合法形式多样,它们却具有一致性。这就是不管哪种方式,都是由多个特征组合在一起。大脑有不可思议的储存信息的能力一样,也有一个相对的以新的方式重组信息的能力,这种能力决定,用组合法创造新的思想并不困难。遍布世界的上千本不同的食谱,每一本书中的每一种烹饪法,都是已有配料的不同的组合。这个例子告诉我们,没有新的成分,只有新的组合。

还有,所有特征相互支持、补充,共同为改善、强化同一目的。几乎所有小孩都喜欢玩积木,几块形状不同的积木,可以组合成各式各样不同的新形状。这是一个典型旧元素的新组合的游戏。这说明组合不难,同时也说明虽然不是每一次组合都能产生价值,可是所有组合都可能启发新创意,所以组合是创意的重要来源之一。

每次组合都会产生新效果,达到 1＋1＞2 的飞跃。华莱士·卡罗瑟斯合成尼龙后,受到广大女性欢迎,可是她们又依恋羊毛的松软。科学家于是将两者组合在一起,发明了一种新的混合物。彼得·杜拉克在《不连续的时代》中指出,组合是:"有系统、有组织地跳进未知,它不是建立在编织自己已有知识上的,而是组合自己未知的东西。"

总之,组合作为一种技巧,不但多见,而且大多实用,在很大的程度上是通向未来的钥匙。新力公司把耳机与收音机组合后,发明了随身听。高压炸熟的鸡和一种特殊的调料相结合,成为我们的肯德基炸鸡。尼龙与紧身短衬裤结合产生了连裤袜。通用汽车公司把分期付款和提供不同漆色的销售方式结合起来,结果建立起了世界最大的汽车公司……数不清的组合案例告诉我们,生活中的重大突破都来自于全新的答案,它们来自于挑战现状,而不是接受现状。

> 没有智慧的头脑,就像没有蜡烛的灯笼。
> ——[俄]托尔斯泰

第五篇

创意实践

大哥买扁担
发现自己的创造潜力

只有激发创造潜能,才能让它发挥更好的作用。首先必须激发自己。爱迪生为了能继续工作,就以拼命多赚钱来激励自己。其次,给自己压力和紧迫感。每个人都有惰性,比如拖延时间,给自己规定一个期限,可以鞭策自己,以造成必要的压力。最后,学会放松。过度紧张会产生反作用,变得小心翼翼,不利于理智放松自我。

古时候,有兄弟两人出远门旅行,他们每人都带着一个大大的行李包裹。一路上由于行李太重,他们不得不左右手来回交替拿包裹,谁也帮不上谁。

当他们行进到一半路程时,哥哥忽然发现路边有卖扁担的,他忙停下来买了根扁担。弟弟不解地问:"行李都拿不动了,还买扁担做什么?"

哥哥说:"一根扁担可以担两个包裹,这样我们轮流挑扁担,就省力了。"说完,他将自己和弟弟的行李分别挂在扁担两头。

果然,一人负担两个包裹,反倒觉得轻松了很多。

每个人都有创造潜力,只是有的人懂得开发,有的人不懂得开发。法国内科医生雷内克,他小时候玩过敲空心木向朋友示意的游戏。从这一思想出发,他设想并最终创造了医学听诊器。玩过这项游戏的人太多了,可是只有雷内克受到启发,这说明他注意开发自己的创造潜能。

只有激发创造潜能,才能让它发挥更好的作用。爱迪生说:"任何不能卖钱的东西我是不会发明的。"他以赚钱作为激励自己努力工作的动力。确实,只有目的明确,愿望强烈,才可能有创造的欲望。

不少人认识不到动力的作用,缺乏使命感和远期目标,这无疑会掩埋很多创意潜能。而给自己压力和紧迫感,是激发潜能的有效手段。每个人都有惰性,比如拖延时间,给自己规定一个期限,可以鞭策自己,以造成必要的压力。卡尔·塞根是天文学家、作家,他为了激发自己的创意潜能,随身携带一个录音机,随时随地记录自己的灵感,并将之称为心灵的"敲门声",认为"敲门声"会将自己"卷入激情,处于一种兴奋状态"。这种"敲门声"就是新思想的闪现。

当然,压力是有一定限度的,过度紧张会产生反作用,变得小心翼翼,不利于理智放松自我。必要时学会放松。富于创造力的人一般都表现出一种善于使理智放松的气质,他们会采用适合自己的方法,如听音乐、散步放松自己。

总之,激发潜能,就要透过各种手段刺激并捕获新的思想。新思想、新发现,追根究底来自于旧的,在旧的基础上进行有计划的改变,就是创造性的表现。水壶烧开时会冒出蒸汽,瓦特据此发明了蒸汽机;牛顿从苹果落地受到启发,发现了万有引力定律。如果把创造潜能当做智力肌肉,想一想吧,只有多运动,让它多出力,多锻炼,才会强健起来。

实践中,有意识开发潜能的活动,一般经历以下步骤:

1. 提出问题。

问题是创新的发源地,提出问题,发现问题,是创新能力的表现。有一个问题需要回答、产品的外形需要改良、汽车的噪音太大等等,都是大脑中最初闪现的问题。这个想法是开发潜能的第一步。在制笔行业里,有一个人发现到,只要是有笔的地方,就一定要有墨水,那么为什么不把两者结合起来呢?结果自来水笔诞生了。最初的问题带来了最后的创造。

2. 准备酝酿阶段。

尽可能多地收集与问题有关的资料,比如阅读有关书籍、记笔记、和别人交谈等。这是展开问题,调查各种可能性答案的阶段,因此,要善于接受新东西,发散思维,让潜意识活动起来。

埃克森石油公司和花旗银行,这两家公司的资深高级主管之间,在提案讨论会上免不了相聚。这时,他们每人的讲话声调都提高了八度,时而声嘶力竭地与人争论,时而高呼小叫地发表自己的高论。在这种氛围下,各种有关问题纷纷冒出来,大家的谈论更为激烈,肆无忌惮地互相驳斥、反对,或者赞同、交换意见,只要有异议,任何人都可以随时打断董事长、总经理、会议上其他任何人的话。

在艰苦的调查阶段后,可以适当放松大脑,散散步,洗个澡,消遣消遣,把问题沉淀一下。正如作家埃德娜·弗伯说的:"一个故事要在它自己的汁液里慢慢炖上几个月甚至几年才能成熟。"

3. 创意闪现。

忽然间,眼前一亮,一个新想法出现了,所有的东西都形成系统的概念。这就是我们常说的生活中的"灵光一闪"、"超感觉",是创意过程的最高阶段。通常,这种想法是在具有无序性、非线性、跳跃性和非平衡性的情况下诞生的。达尔文发现进化论就是这样的典型事例。他一直在为进化理论收集材料,然后有一天,当他坐在马车里旅行时,这些材料突然一下子融为一体,成为摆在"眼前"的一篇系统论文。事后,达尔文写道:"当解决问题的思想令人愉快地跳进我脑子里的时候,我的马车驶过的那块地方我还记得清清楚楚。"这就像我们平时说的"开窍",是创造过程中最令人兴奋和愉快的阶段。

4. 完善和核实。

不管见识多么高明,开窍时得到的启示可能根本靠不住。为了完善和核实自己的创意,就要发挥理智和判断的作用。这时运用到逻辑思维,它的特点是推理迅速,结论准确,帮助创意者回过来尽可能客观地看待自己的设想。经过修正,设想趋于完善;经过核实,往往会得出更新更好的见解。

> 艺术家是一个容器,他可以容纳来自四面八方的感情,可以是来自天上的、地下的,来自一张碎纸片,也可以是来自一闪即过的形象,或是来自一张蜘蛛网。
> ——[西]毕加索

贾伯斯演绎
网络时代创新特证

网络时代创造的新特点如下：创新活动范围极大的拓展，创新已是公众每个人都能参与的事，更多创新是集体智慧的结果，创新目的性转变，创新活动功利性减弱。

史蒂夫·贾伯斯21岁时，和26岁的沃兹在自己家的车库里成立了苹果计算机公司，开发出了第一台在市面上进行销售的个人计算机。

当时，计算机产业刚刚起步，专业人才很少，从事此行业的人多数是半途出家的人才，他们在昨天可能还是艺术家、物理学者，可是一夜之间，他们成为计算机行家。因为他们对计算机怀有浓厚兴趣，并不是为了赚钱进入此领域。贾伯斯也像这些人一样，痴迷于计算机研究，但他从中获利匪浅，不到10年的时间就拥有了一家市值20亿美元的公司。也就在这时，他被自己的公司炒了鱿鱼。

这一事件闹得沸沸扬扬，世人尽知。贾伯斯一度深感困惑，甚至想要离开计算机行业，可是他很快从失败中振奋起来，决定重新开始，继续自己的事业。于是，他先后开办了neXT和Pixar公司，继续做自己的计算机研究。

Pixar公司推出了畅销动画片《玩具总动员》和《虫虫危机》，苹果公司收购了neXT，贾伯斯得以重返苹果公司。回来的他发现，公司情况十分糟糕，每个人都被认为是失败者。为此，他夜以继日地工作，努力挽回颓废的局势。他迅速砍掉了没有特色的业务，他对职员们说："不必保证每个决定都是正确的，只要大多数的决定正确即可。因此不必害怕。"以此调动每个人的积极性。

这些明智的措施纠正了公司的错误，使得公司终于走上正轨。

贾伯斯的故事再现了网络时代创新的种种特色。可以说，如果不是计算机，他就无法实现自己从无到有、从有到无、再拥有的神奇历程。下面，我们从多方面观察分析网络时代的创新，究竟具有哪些浓厚特色？

1. 创新活动范围极大的拓展。

网络时代极大地拓展了创新活动范围,新的"未知"领域内逐渐没有了专业统治这一概念,创新成为社会的最新最大需求点。创新活动从总体上来讲是社会所需要的,是社会鼓励的,是受到社会尊重的。思科(Cisco)是网络时代创新商业模式的实践者和成功典范。思科总裁兼执行官钱伯斯坚信因特网将改变我们的工作、学习和生活方式。思科公司无需建立新的制造厂就能扩大生产能力,并将产品周期缩短至1周至3周,将新产品上市的时间缩短了三分之二,仅需6个月左右。

2. 创新已是公众每个人都能参与的事。

越来越多的人投入到创新之中,出现专业业余人群。同时,一个创新活动的成果可以直接受到公众的评判和检验,以前那种由"权威"一言定局的现象会大大减少。思科公司网络还促进了内部资源共享,改善了处理日常事务的流程和效率。网站可供员工访问的信息超过170万页,内部员工每天使用量超过数千人。

3. 更多创新是集体智慧的结果。

创新已不是一个人独力完成的事,而大量的是群体结合"知识共享","共同创新"的结果。思科在网上销售复杂的网络设备,目前每天的销售收入达到惊人的2 800万美元,全年在线销售额将超过50亿美元。这个网络已经把思科内部各部门与供货商、合作制造商、装配商以及贸易管道伙伴连为一个整体,访问这个网站的还包括现有客户和潜在客户。

4. 创新目的性转变。

创新活动不再以经济效益为主,而首先会理性地考虑社会效益,首先会理性地考虑人与人之间的协调,人与自然界之间协调将成为人人自觉遵守的法则,如果违反这一法则,你就极少有成功的可能。

5. 创新活动功利性较弱。

创新活动将大大减少功利主义的色彩,娱乐性、消遣性大大增加,更大地满足个人的社会认可性。创新活动将使个性在理性的指导下发挥出最大的魅力,更富人性化特色。创新活动将有机地和你的生活、工作和娱乐结合在一起。

综上所述,计算机时代的"未来"创新活动与以往有了较大区别。

知识是一种快乐,而好奇则是知识的萌芽。
——[英]培根

从背面拼图的儿子
找到新的表现手法

像达芬奇画蛋一样,只需稍稍转换角度,呈现在画面上的表现内容就会有所偏差。所以,只有在最恰当的角度看待"点",才能获得最佳效果。很多时候,对于创意人员来说,最难找的不是点,而恰恰是表现手法。一个新颖出众的点会由于低俗平庸的表现手法而导致失败。

一个阴雨连绵的周末,有位牧师正在家里准备讲道的文稿。他翻来覆去地琢磨,脑子里却没有什么词汇和概念,为此十分烦恼。恰在这时,他不满5岁的儿子又在不停地吵吵闹闹,真是让他无法忍受。

为了能够安静地思索一会儿,牧师冲着儿子又叫又嚷,可是根本没有效果,反而更增添了吵闹声。后来,牧师有了点子,他抓起一本杂志,从上面撕下一页世界地图,将它撕成小片,扔到地板上对儿子说:"看见了吗?这是一张撕坏了的世界地图,你要是能把它拼起来,我给你奖励。"

儿子接受了挑战,一屁股坐在地板上埋头拼起来。牧师很得意,他想:"这下子好了,我可以安静地准备讲稿了。要想拼好那张撕碎的地图,我看他最少也得半天时间。"

然而,牧师还没有来得及从得意中恢复思考,敲门声响起,儿子站在书房外说:"爸爸,我拼好地图了。"

牧师吃惊极了,连忙打开房门问:"真的吗?我看看。"当他拿过地图时,才发现儿子果真完成了任务,整幅地图又恢复了原状。他看看墙上的钟,时间过去了不到十分钟,不由惊奇地问儿子:"儿子,这是怎么回事?你怎么这么快就拼好了呢?"

儿子歪着脑袋,不以为然地说:"这幅地图的背面是一个人的图像,我参照这个人很快就拼好了,很简单啊!"

牧师翻过地图一看,果然是一个完整的人像,他明白了,心里一阵喜悦,忍不住笑了。他给了儿子奖励,然后急忙回到书桌前准备讲稿,因为他从这件事中受到启发,有了讲稿的题目:假使一个人是对的,他的世界也是对的。

从地图的背面入手,儿子找到了一个全新的、简单的拼图方法。这说明创意中表现手法的重要性,像达芬奇画蛋一样,只需稍稍转换角度,呈现在画面上的表现内容就会有所偏差。

在广告创意实践中,有一个有趣的现象,市面上同类型产品越是多,由此产生的精彩广告也越多。这样就逼迫创意人去找寻更新颖更出众的点来完善广告。于是广告战打得非常热烈,战火弥漫,杀声阵阵。可是,大多数广告显得过于直接苍白,战斗力并不强大。为什么会造成这种结局?并非创意点不够突出,而是手法存在问题。

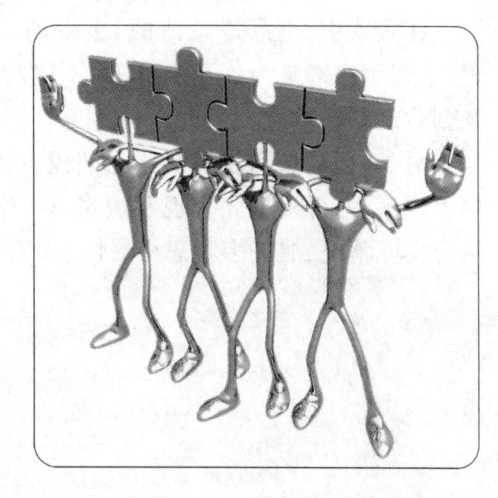

很多时候,对于创意人员来说,最难找的不是点,而恰恰是表现手法。不管一个点多么新奇出色,由于表现手法缺少新意、没有特色,也会失败,这样的例子屡见不鲜。有家较著名的化妆品牌推出新产品,科技含量非常高,广告创意点也找得非常之准,可惜的是广告表现手法过于平庸,毫无新意可言,结果完全没有表现出化妆品所具备的质感,无法吸引消费者,只好以失败告终。日本有位学者谈到创意和表现手法的关系时,将它们比做钻石与金链。他说:"只有合适的金链才能把钻石串起来,形成一条金光闪闪价值连城的钻石金链。"

创意的表现手法多种多样,从不同的角度观察,就会有不同的感觉和考虑,这是表现手法的内涵所在。一般来说,在找准创意点之后,从消费者、产品定位、市场情况综合考虑,迫使创意人员从大局着眼,会产生较好的效果。

广告大师戴维·奥格威为"劳斯莱斯轿车"做的广告创意,可算寻找到恰当表现手法的经典之作。这则广告以"在时速60英里的时候,这辆新劳斯莱斯车上最大的噪音来自车上的电子钟"为标题,让观众一目了然,体会到车内的安静状态。因为在常人的思维中,只有在极度安静的环境里,才能听到滴滴答答的电子钟的声音,现在高速奔驰的劳斯莱斯汽车内也能听到电子钟声,只能说明汽车的质量太高了、杂音太低了。可是,劳斯莱斯的资深工程师看了这则广告后,却另有所感,他直接指出电子钟噪音太大了,所以才会产生这种效果。

工程师的看法让我们理解到广告背后的真相——不是车好,而是广告找到了最佳的表现手法,进而引导观众产生了全新感觉。

在实践中,创意是灵活的、多变的,表现手法也会多种多样。但是不管怎么说,表现手法都是为创意服务的,不能喧宾夺主,更不能为了表现而表现,不去顾及创意的目的。

另外,创意点和表现手法之间没有固定的先后顺序,甚至事先有了一个绝妙的表现手法,再根据此表现手法想出一个点来。由此可见,创意无绝对之说,只有结合实际情况,展开多种思索,才会所有创造。

构成我们学习最大障碍的是已知的东西,而不是未知的东西。

——[法]贝尔纳

罗斯福告诫儿子踏入无人问津之地

一个创造性人才往往是叛逆者,他勇于踏入无人问津之地,解决遇到的任何问题。他不陷入别人描绘的事实泥坑中、他针对目标,眼光能摧毁旧图画。新手由于无知而从更开阔的角度看待问题,他们见到森林,而不是树木,他们能以"简单"的答案来解决复杂的问题。

二战开始后,美国总统罗斯福将自己的四个儿子全都送上了战场,告诫他们说:"拿出良心来,为美国而战!"四个儿子不负父望,作战勇敢,立下军功。这时,战斗愈加激烈了,儿子们不免有些心虚和惶恐,就问父亲罗斯福该怎么办。

罗斯福回答儿子们说:"不要问我怎么做。你们的事是你们自己的事,我从不干预。"他以无比坚定的品格感染着儿子,要他们勇于追求独立的人生,勇于解决遇到的任何问题。为此,他竭力反对孩子依赖父母过寄生的生活,从不给儿子们任何资助,让他们凭着自己的能力去开辟事业,赚他们该赚的钱。

有一次,他的一个儿子外出旅行时,相中一匹骏马,就不惜所带钱财购买下来,结果连回程的船票都买不起了。无奈之下,他只好给父亲打电话请求资助。没想到,罗斯福了解到事情经过后,毫不客气地说了一句:"你和你的马游泳回来吧!"说完挂断电话,再也不理会儿子的任何请求。

儿子没有办法,只好忍痛割爱,卖掉骏马买票回家。

一位创造性人才往往是叛逆者,他勇于踏入无人问津之地,解决遇到的任何问题。这是他区别于常人的品质,他不陷入别人描绘的事实泥坑中,他针对目标,勇往直前。

很多时候,新思路易得,要想用它解决问题却不易,这需要勇气。一般来说,只有强烈自尊和自信的人,才能面对传统的挑战而不丧失自我,他们无视同行和对手的强烈反对和敌视。麦当娜成名后,被人贬称为"都市妓女"和"物质女孩",面对侮辱,她没有退缩和沮丧,相反,她将此视为一种荣耀,一种美称,一种激励自我前进的动力,进而取得更大的辉煌。

每一位创造人才都具有探索和冒险精神,他们的创造行为不仅为他们带来财富,更是对社会做出的贡献。但是绝大多数人才不去关注危险或者财富,而是一往直前地走向成功,好像他们天生知道成功在"哪里"等着自己。

成功的创意人才不止是专家,在很多领域,新人往往更容易发现新事物、新概念。这是由于专家们局限于正确的教义之中,惧怕新鲜东西,而新人则会因无知而无畏,以惊人的速度和准确性奔向目标。日本的奥野塑料用品公司,为了获取新创意,不惜高薪聘请了好几名普通的家庭主妇。她们对塑料用品的生产研制知识一无所有,但却从外行和消费者角度发现问题,提出建议,为此公司带来明显效益。

新手由于无知而从更开阔的角度看待问题,他们见到森林,而不是树木,他们能以"简单"的答案来解决复杂的问题。网络专家认为有线电视网是个愚蠢的想法,但是泰德·特纳的革新改变了电视,进而成为那些预言他死期的网络公司的强劲对手。

实际上,不少公司经常聘请兼职创意人员,这些人一定不具备本公司的专业知识,只是一个普普通通的外行,让他们为公司产品和发展构想新的创意。

创造性人才看到宏大场景,但以一种简单的眼光贯彻他们的目标决策。太多的知识有碍于创造成就,他们不理会那些保护性地将其自我投于已知领域的微观眼光的专家。英国的政治霸头认为撒切尔夫人是时代的异己分子,会构成重大危险,但撒切尔相信自己的命运,攀升到英国政界的顶峰。

最重要的一点是,当新的念头出现时,创造性人才从不运用判断力。他不会一边拼命踩油门,一边刹车。

打破常规,逆流而上,另辟蹊径,不受制于陈规陋习。如果有人以一种方式行事,你就有极好的机会反其道而行之。

——[美]塞姆·沃尔顿

校长弱化思维定势"惩罚"学生

思维定势是指人们在解决新问题或拓展新领域时,受到原有思考问题成功的局限而处于停顿的心理状态。消极思维定势的表现方式包括:经验型、权威型、从众型、书本型、自我中心型、直线型六种。弱化思维定势,是创意思维中常常采用的训练方法之一。

麦克劳德是著名的解剖生理学家,曾与他人合作发明了胰岛素,为此获得了1927年诺贝尔医学奖。说起自己的成就,他总是对小时候的一件事念念不忘,认为是这件事促成了自己一生的成功。

那时,他还上小学,不仅顽皮,而且充满好奇心,什么事情都想探个究竟。有一天,当他和伙伴们从学校走出后,看到一只小狗摇着尾巴跑过去。这时,他忽然产生了奇怪的想法,想看看狗的身体里面是什么样子。

他的想法得到伙伴们响应,他们热切地讨论着,并找来绳子、刀子,合伙捕获小狗,并把它带到空地里宰杀了。他们将小狗进行"解剖",细心地观察它的每件内脏,就像专业人士一般,根本没有考虑到问题的后果。

然而,狗的主人很快找来了,他不是别人,正是麦克劳德所在学校的校长。校长看到心爱的小狗被学生们宰杀了,十分气愤。麦克劳德和伙伴们吓坏了,他们心想,这下完了,校长肯定会开除他们。

可是出乎他们意料的是,当校长听他们说明宰杀小狗的原因后,反而平静下来,对他们做出了一项特殊的惩罚:让麦克劳德画一张狗的骨髓结构图和一张狗的血液循环图。

麦克劳德简直难以相信这样的结局,于是全力以赴绘图。结果他绘制的图画交给校长后,校长认为画得很好,就不再追究杀狗事件。这次事件给麦克劳德深刻的影响,从此他真正喜欢上解剖生理学。

校长的"惩罚"颇具新意,体现出弱化思维定势的特色。思维定势是指人们在解决新问题或拓展新领域时,受到原有思考问题成功的局限而处于停顿的心理

状态。消极思维定势的表现方式包括:经验型、权威型、从众型、唯书本型、自我中心型、直线型六种。

弱化思维定势,是创意思维中常常采用的训练方法之一。

1. 弱化经验型思维定势。经验型思维定势,是指人们不自觉地用某种习惯了的思维方式,去思考已经变化的问题。比如办案人员在破案时肯定先考虑有前科的、平时行为不轨的人,可是事实恰恰相反,罪犯常常是个极老实的人。弱化此种思维定势,就是要打破常规,勇于提出相反的、不同的想法。美国旧金山曾经开办过一家逆向教育学院,采取与传统教育相反的方法教育学生,目的是为了降低专业人才的专业水平,进而弱化他们的经验思维。

2. 弱化权威思维定势。权威思维定势是指人们对权威人士言行的一种不自觉的认同和盲从。可从以前的、外地的、其他领域的权威加以训练,找出他们依赖于权威效应的地方,以及与自身利益有关的地方,进而淡化权威对自己的影响,进而勇于挑战权威,提出新的思路和解决方案。

3. 弱化从众定势的训练。从众思维定势,就是个体习惯服从大众的心理和行为,不敢有所逾越。要想打破这种思维惯势,除了有意识地提出与众不同的观念外,还可以参与各种强化训练,有人曾经提倡过"傻子"行动。在集会上由一人扮演傻子,完全采取与众人不同的想法、行为,尽管这一做法滑稽可笑,却打破了团体一致的思考方法,弱化了从众定势。

4. 弱化唯书本定势。人对书本知识的完全认同与盲从,是唯书本定势思维。有个故事说,有位学子外出求学,学到了很多知识,但他很苦恼,因为学得越多,他就觉得自己越无知和浅薄。于是他向一位高僧请教。高僧反问他:"你求学的目的是为了求知识还是求智能?"他才恍然大悟。知识不是智能,有限制思维的缺点。要想打破书本定势,可以假定书中所有的观点都是错误的,在此基础上,提出不同见解;也可以设想多种答案。爱因斯坦提出相对论,对此,大数学家希尔伯特幽默地说:"我们这一代人一直在探讨关于时间和空间的问题,而他说出了其中最具独创性、最深刻的东西;我认为这是因为爱因斯坦没有学过任何时间和空间的哲学和数学。"

5. 弱化自我中心思维定势。自我中心型思维,是指人想问题、做事情完全从自己利益与好恶出发,主观武断地不顾他人的存在和感觉。创意最害怕视角凝固,自我为中心,有些人却偏偏喜欢从自己的成功出发解决问题,这是危险的举动。实际情况是,成功者一旦思想僵化,只会碌碌无为,而一位最具创意的人才,永远都是"什么都不知道的人"。

6. 弱化直线型思维定势。直线型思维,是指人面对复杂多变的事物,仍用简单的非此即彼或者顺序排列的方式去思考。弱化此种思维定势,可以参考在驾驶员考试中常常出现的相关题目。比如有道题目就是:"在一条公路中间,左边是一个人,右边是一条狗,眼看就要撞到他们了,试问,你是撞人还是撞狗?"不管回答撞人还是撞狗,都是直线型思维的结果。而想有所创造,就必须弱化直线型思维定势。

我们应惧怕"知道",而不是害怕"无知"。

——［美］迪帕克·乔普拉,M. D.

老人扔鞋
扔出创意产业的特征

创意产业的兴起,是产业发展演变的新趋势,它既具备知识服务业的业态,又有如下特征作为其标志:创意产业是智力劳动的结晶;创意产业来自技术、经济和文化的交融,具有很强的渗透性;创意产业为创意人群发展创造力,提供了根本的文化环境,因此又往往与文化产业概念交互使用。

  在一辆高速行驶的火车上,有位老人不小心把刚买的新鞋从车窗掉出去一只。周围的人见此,纷纷发出惋惜声,还有人好言劝慰老人,要他想开些。老人果真很想得开,不但没有难过,反而笑呵呵地拿起另一只新鞋,唰一下从窗口扔下去。那些人十分诧异,几乎齐声追问:"你这是干什么?这可是新鞋啊!"

  老人依旧笑眯眯的,对着大伙说出了自己的想法。原来,他的鞋丢了一只,那么剩下的这只鞋不管多么昂贵,对他来说都没有价值了。但是,如果他把这只鞋扔下去,与刚才丢掉的鞋相距不远,万一有人捡到的话,还可以穿。

  成功者善于放弃,善于从损失中看到价值。这道出创意产业的一些特征。创意产业,一方面是指那些以个人创造力为基础,透过创意获得发展动力的企业;另一方面则是指透过开发创意思维,进而创造财富和机会的各种活动。创意产业又叫创意工业、创造性产业、创意经济等,广泛深入到各个领域中,既包括经济行业,也包括文化、建筑等行业。实际上,创意产业的本质就是促成不同行业、不同领域的重组与合作。这种重组、合作无疑会产生新的发展点,成为推动社会进步的力量。

  创意产业的兴起是产业发展演变的新趋势,它既具备知识服务业的业态,又有如下特征作为其标志。

1. 创意产业是智力劳动的结晶,是创造力和智慧财产。

  从事创意产业的人员主要是知识型劳动者,他们具有相关的知识和专业特长,他人往往不可替代。同时,这类人才还必须头脑灵活,能够迸发灵感,产生与众不同的想法。这一特色模式,体现出创意产业中脑力劳动与体力劳动,以及信息化结合的重要特征。

2. 创意产业来自技术、经济和文化的交融，具有很强的渗透性。

创意产业不是孤立存在的，它常常与各传统行业并存、交融。这是由于创意是一种复杂的过程，涉及到多个领域，而创意的产物也是多种多样，无所不包。

3. 创意产业与文化产业紧密相关，常常交互使用。

创意，可以从根本上改变环境，创造新的文化氛围，这一特性决定它与文化产业密不可分。实际上，很多创意产品都是科技与文化结合的产物。

比如电影、音乐等，它们的价值远远超出自身科技价值，衍生出来的附加价值更为重要。

除了上述三个基本特点外，随着网络兴起，创业产业又具备了一些新的特色。

1. 创意产业组织呈现集群化、网络化特色。

随着网络兴起，创意产业普及到大众之中，不再是专业人才的特权，也不再是专业组织的行为，集体的互动性正在逐步形成集群化的大环境。同时，创意产业转化为以小公司为主，更加灵活和多样性。在这些公司中，创意人员处于主导地位，对相关生产、销售等领域起着带动作用。

2. 创意产业技术向数字化、知识化、可视化、柔性化方向发展。

在科技高度发展的今天，创意势必受到科技影响，这一影响的结果促进了创意在数字化、信息化方面的进度，进而使得创意行为更为激进和彻底。另外，高科技作用下，创意的表现形式以及操作性也更为明显，人性化特色更为突出。

3. 创意企业管理向信息化、网络化、知识化管理的方向发展。

在创意管理方面，随着网络兴起也出现一定改变。创意灵感是零乱的、没有系统的，如何将之整合和集成，是网络出现之前的难题。如今，网络为创意管理提供了快速便捷的条件，可以更快、更好地创造出市场需要的产品，为企业带来最大的效益。

才能是来自独创性。独创性是思维、观察、理解和判断的一种独特的方式。

——［法］莫泊桑

龙虾发现创新的金钥匙

事实上,世界各大知名企业都是靠创意而成功。有人指出企业竞争的时空,已经从 1990 年的信息时代走向 2000 年的创意时代。脑力竞争成为未来趋势,创意已成为最重要的经济投入。最重要的,不再是你知道什么,而是你发明什么。

龙虾和寄居蟹都生活在大海里,它们有着不同的生活习性。龙虾经常脱掉硬壳,然后再长出更新更坚固的外壳;而寄居蟹则终日避居在礁石下面,从来不想让自己长得更强壮。

有一天,龙虾刚刚褪掉一层旧壳,恰好寄居蟹见到了,吃惊地说:"哎呀,你怎么把保护自己的壳弄掉了?瞧你一身粉嫩的身躯,小心被大鱼一口吃了!"

龙虾却不慌张,它说:"我褪掉旧壳,是为了长出更坚固的新壳,更好地面对各种危险,是为以后做准备。如果总是一身旧壳,时间久了,就不结实了,怎么保护自己?"

寄居蟹一听,不由打量一下自己终年不变的壳,心想,我怎么从来没想到换掉外壳呢?怪不得我整天都要找地方避居,原来自己没有发展的心思啊!

只有不畏险阻,勇于创新,才会不断成长和成功。在现代社会中,企业要取得成功的关键所在就是要提高"创新能力"。

法国作家拉封丹写过的一则寓言:北风和南风比威力,看谁能把行人身上的大衣脱掉。北风首先来一个冷风凛冽寒冷刺骨,结果行人把大衣裹得紧紧的。南风则徐徐吹动,顿时风和日丽,行人因为觉得春意上身,始而解开纽扣,继而脱掉大衣,南风获得了胜利。

这则寓言在商界被人称作"南风"法则。只有"创新",才有生命力,才能在优胜劣汰的激烈竞争中求得生存发展。

事实上,世界各大知名企业都是靠创意而成功。企业之间的竞争已从信息时代进入创意时代。这一现象说明,创意已成为未来最重要的经济投入。也就是说,知道什么已不重要,而创新发明才是最重要的。

在这个日新月异的时代,经济不再决定一切,市场需求的个性化和多样化,使

得大批量重复性生产变得不合时宜。有家汽车公司投巨资建立生产工厂,效益却很一般。这是什么原因造成的?分析发现,汽车行业的资源分配早已发生巨大改变,20世纪20年代,汽车的成本主要用于支付生产者和投资者,占据85%以上的高比例,而如今这两种人得到的比例不到6%,其余绝大部分都给了设计师、战略家以及广告商和销售人员等。所以这家汽车公司只注重生产投入,而不强调创新计划,自然效果不佳。

创新已是企业发展的金钥匙,如何寻找并拥有它,才是现代企业最大的问题。

1. 吸引消费者的注意力。

快节奏的经济时代,每个人都忙于工作,生活紧张。企业要吸引现代人的注意力,变得越来越困难。在这种情况中,注意力成了稀有商品。如果抓住消费者的注意力,是创新的焦点。

2. 塑造品牌形象,突出品牌承诺。

每个行业的市场竞争都很激烈。高科技发展促使多种行业快速诞生、发展,形成行业竞争剧烈的格局。几乎每个企业的产品、服务都同样好,具有同样高的标准,价格也一样便宜。怎么样从中脱颖而出?

可口可乐公司是百年企业,在它的经营过程中,曾经出现过一次引人深思的事件,被后人称为"品牌情感"效应。随着对手百事可乐的崛起,可口可乐公司决定推出新口味产品与之对抗。1985年4月23日,新口味可口可乐上市了,以图为消费者带来欣喜,与竞争对手竞争。然而出乎意料的是,消费者极其失望,他们不认同新口味产品,认为可口可乐公司背叛了自己,纷纷要求换回老配方可口可乐。这一事件有力地证明了品牌在消费者心目中的地位。

3. 消费者越来越难"打发",掌握他们的需求是关键。

消费者的期望不断增高,似乎永不知满足。在这种情况下,加上同行业竞争激烈,不少消费者一旦得不到满足,就会转向他人。因此,如何掌握消费者需求,快速适应他们的改变,是企业必须考虑的问题。不少成功的公司都舍得在研究消费者需求上下工夫,他们透过询问消费者对产品包装、味道、颜色等等方面的意见,做出相对改变,更容易满足消费者的需求。

总之,人是企业生命力和竞争力永不枯竭的源泉。在计算机逐渐普及的今天,知识含量已经不再重要,一个人如何有效地创造性地运用知识,才是创新的重要途径。

在任何一个成功的后面,都有着十五年到二十年的生活经验,要是没有这些经验,任何才思敏捷恐怕也不会有,而且在这里,恐怕任何天才也都无济于事。

——[俄]巴甫连科

不怕不悔的创新机遇来源

存在于企业内部的创新机遇有四大来源：意外之事、不一致之事、基于程序需要的创新、每一个人都未注意的工业结构或市场结构的变化。

有个年轻人准备离开故乡到外地开创事业，临行前，他来到了族长家里，恭敬地说："我就要远行了，请您给予指示和教导。"

老族长正在练字，看到年轻人前来辞别，十分感慨，挥笔写下三个字：不要怕。然后，他将写着字的纸折好，交给年轻人说："记住这三个字，相信你一定会有所成就。"

年轻人到了外地后，时刻想起老族长送给自己的三个字，并以此为动力积极做事，勇于奋斗，终于开创了一片属于自己的事业。这时，他已经年过半百，早已经历了很多人生是是非非，不免心生伤感，打算回乡探望亲人。

当他来到故乡，特地去拜望族长。族长的家人告诉他，老族长已经去世了，临死前他留下一个信封，要家人交给这位归乡的游子。他接过信封，打开一看，上面写着三个字：不要悔。

他明白了，老族长告诫他，人生在世，中年以前不要怕，中年以后不要悔。

不怕不悔，是抓住创新机遇的主观因素。对于一个企业家来说，创新是他的特殊手段。这是因为创新会带来新的能力，新的收获。实践证明，只有赋予一件物品经济价值时，它才是有价值的资源。如何赋予它经济价值？答案是创新。

在现代企业中，创新机遇来自于哪里？怎么样抓住它们呢？

莎士比亚说过："聪明的人善于抓住机遇，更聪明的人善于创造机遇。"在经济领域中，"购买力"可以说是最重要的资源，如何发掘购买力，就是企业家创新的机会。麦克科密克在19世纪初发明了收割机，却发现农民无力购买。为此他想出分期付款的购销方式，结果农民们有了购买收割机的能力。这种能力是创新的结果，它改变了资源的产出，为消费者带来价值和满足。

创造机遇，可以从企业内部和外部共同入手，从中有目的、有组织地寻找变化，进行系统的分析。实际上，机遇无处不在，只是有些人善于发现，有些人却视若无睹。A、B、C三人都在外资公司上班，他们都想见到总裁，并展示一下自己的

才华。A只是天天想,并没有行动;B则主动打听老板上下班的时间,并在电梯旁刻意去守候,希望有机会遇到老板,打个招呼;C与他们不同,他详细了解总裁的经历和喜好,精心设计了简单而有分量的开场白,然后,在算好时间乘坐电梯时,终于见到总裁,并如愿表达自己的想法,得到总裁赏识。

在现代企业中,不管来自企业内部的,还是来自外部的,所有的机遇都是创新的源泉,是创新的机会。比如意外的成功,意外的失败,来自环境的变化等。接受这些变化,并从中寻求创新,是企业家们的创新素质之一。

为了获取更多信息,法国埃尔夫(Total Fina Elf)机油前总裁有一个独特的办法,他每年都会与1 000人交换名片。因为他认为认识的人越多,接触的信息就越多,创新的机会就越大。

在企业中,公司总裁是制造各种决策的人物,如同制造某种产品时,一定需要原料一样。怎么得到这些原料呢?一个很好的办法就是从别人那里"倾听"许多资料,然后化为有用的创造力。观察身边的每个人,就会发现越成功的人,越懂得"鼓励别人说话"的艺术;而那些失败者,往往都是滔滔不绝、口若悬河的人,根本不去注意他人的言行。

当然,所有的机遇都存在风险性。这是自然界的客观规律,通常情况下,风险性越大,机遇就越多。比如生物领域,是目前科技创新风险最大的行业。可是,高风险背后,往往蕴藏着高回报。所以,只有不惧风险,才会获得更多创新机遇。

> 知道事物应该是什么样,说明你是聪明的人;知道事物实际是什么样,说明你是有经验的人;知道怎样使事物变得更好,说明你是有才能的人。　　——[法]狄德罗

蚂蚁搬物
搬出企业管理创新能力

在科技快速发展的当今社会,开发自己的技术,提高本国和本企业的创新能力,是新经济时代的基本要求。在此情况下,企业管理就不再是一般意义上的信息管理,而是创新管理,并把透过管理提高企业的创新力和创造力作为经营的核心。

有两只蚂蚁,共同发现一块面包渣,它们费了很大力气,却不能把它拖回巢穴。于是,它们分头行动,沿着两条不同的路线回去"搬兵"。它们边走边释放出一种它们自己才能识别的化学外激素做记号。令人意想不到的是,先回到巢穴的蚂蚁会释放更重的气味,这样,同伴去搬运食物,就会走最近的路线。

蚂蚁们快速灵活的运转能力,引起人类学与社会学者深深的关注,他们研究发现,蚂蚁不但有严格的组织分工和由此形成的组织框架,而且它们的组织框架在具体的工作情景中,有相当大的弹性,比如它们在工作场合的自组织能力特别强,不需要任何领导人的监督,就可以形成一个很好的团队而有条不紊地完成工作任务。

一只蚂蚁搬食物往回走时,碰到下一只蚂蚁,会把食物交给它,自己再回头;碰到上游的蚂蚁时,将食物接过来,再交给下一只蚂蚁。蚂蚁要在哪个位置换手不一定,唯一固定的是起始点和目的地。

蚂蚁搬物的研究表明:提高团队工作效率,必须解决工作链上的脱节和延迟问题。每项工作都不是独立存在的,都需要与他人的合作,互相支持。在这种合作过程中,如果不能发现和剪掉多余环节,势必影响工作效率。

有一个收废品的,成天在小区里高叫"有废铁、报纸、玻璃拿来卖"。一天,有人建议他说:"如果你改成吆喝'收废铁、报纸、玻璃',这样大家也能听明白你的意思,不是更省事吗?"他采纳了建议,发现果然不错。又过了几天,又有人对他说:"其实,你直接叫'废铁、报纸、玻璃',大家也都明白你是来干什么的,何必多加一个'收'字?"他又听取这人的意见,结果发现减少了不必要的动作,既节省了时间,又提高了效能。

减少多余环节,提出了企业的创新管理问题。企业间竞争实力,很大程度体现在管理创新能力上。目前,不少企业将创新管理作为经营的核心,1999年,美国《商业周刊》评出全国业绩最优秀的50家公司,它们共同的、最突出的特点就是在经营管理方面积极创新。创新成为评价公司的标准之一,美国《财富》杂志更是指出,创新必须渗透于企业管理上才能发挥作用。那么,什么是创新管理?

创新管理包括三层互相联系的内容:1.管理的创新,2.对创新活动的管理,3.创新型管理。

世上没有一个一成不变、最好的管理理论和方法。英特尔(Intel)总裁葛洛夫(Andrew Grove)的管理创新有两方面内容:① 产出导向管理:产出不限于工程师和工厂工人,也适用于行政人员及管理人员;② 在英特尔,工作人员不只对上司负责,也对同事负责:打破障碍,培养主管与员工的亲密关系。

对创新活动的管理,是企业总裁的核心任务。通用汽车公司总裁杰克·韦尔奇颇懂创新管理的重要性,他说:"在目前这个竞争激烈的新经济时代,一个企业家最差劲的表现就是缺乏创新、不思进取。"如果无法正确引导各种创新活动,不能调动发挥每位员工的创造性,这位总裁必定是失败的,无法胜任的。西方企业界流行一句话:"不创新,即死亡。"一个企业的总裁不能倡导知识和技术创新,是非常危险的致命信号,创新型管理是相对于守旧型管理而言。在这种管理过程中,创新无处不在,深入整个组织和成员的头脑中。在美国,大多数企业积极推行创新型管理,进而在高科技领域保持领先地位,不断推出新产品,形成全球性"新经济"浪潮。

> 我的箴言始终是:无日不动笔;如果我有时让艺术之神瞌睡,也只为要使他醒后更兴奋。
> ——[德]贝多芬

向和尚推销木梳的创新环境

创新环境主要是指在企业内建立一种有利于创新者的宽松、自由的氛围,例如鼓励每个员工都参与创新、不要打断创新、创建创新文化等,都是创新环境的良好措施。

四个人都去寺庙向和尚推销木梳,第一个人很快回来了,他一把都没卖掉,他说:"和尚没头发,不可能使用木梳。"第二个去了后,看到不少前来寺庙烧香的香客,他们的头发被风吹乱了,没法梳理。他见机行事,向他们推销木梳,结果卖了十来把。第三个人来到寺庙,观望一会儿,有了点子,他站在庙门外,将木梳作为纪念品向香客兜售,居然卖出去一百把。

轮到第四个人啦,他到了寺庙,竟然卖出去一千多把木梳!其他三人十分好奇,不明白他是如何做到的,其中一人问:"你把木梳卖给谁了?你一定不是卖给和尚的。"

"不,"第四个人回答:"我推销的主要对象是和尚。"

"和尚?"其他三人越发奇怪,"哪有那么多和尚需要木梳?"

第四个人笑着解释道:"我将木梳刻上对联和方丈的名字,用作方丈回赠香客的纪念品。"

第四个人创造了一种全新的销售环境,进而大获成功。任何创新都离不开一定的环境因素,反过来,创造创新环境才是兴旺发达的基础。

一个现代企业,如何满足并创造和引导需求,成为驱动市场型的企业,必须对环境有充分的了解,并创造一个适合创新的良好氛围,才能有效利用消费者的消费心理特征和消费行为,关注细节和执行,透过创业去提升企业的竞争能力,促使企业在激烈的竞争环境下健康成长。

1. 树立全方位创新理念,建立创新激励机制。

作为公司,只有为员工提供自由的空间和时间,从立项、资金各方面予以充分支持时,才能从根本上激励员工的创新激情。公司可以透过以下几条方法激励员工:① 允许员工用自己的方法创新,不打断他们的行动,不给与指示、命令等,也不要求他们作出解释。② 当某位员工进行一项创新时,坚持由他负责到底,不要随便更换创新者。③ 鼓励员工的自我创新意识,让他们自由选择创新项目,不要指定某人从事某项创新。

德国农民汉斯的故事耐人寻味,每当马铃薯丰收的时节,他和其他农民一样,也要赶往城里去卖。为了卖个好价钱,大多数农民都会将马铃薯分成大中小三等。不过这项工作比较麻烦,也很费时。而汉斯从不分马铃薯,却照样卖得不错。因为他很聪明,想到了一个省时省力的好点子:他将马铃薯装进有个小洞的麻袋,顺着颠簸不平的山路进城,一路上小马铃薯落到下面,大马铃薯自然也就在上面了。

不管工作多么平凡,都有创新的可能,除了提供创新所需资金外,公司还要拿出一定资金奖励创造力和创新。如设立公司研究员,对富有成果的创新者给予高薪和相对的权力,使其可调配公司的人力、物力从事他们所希望的研究工作,并设立公司内部的诺贝尔奖等。

2. 企业具备鼓励创新的开放系统,倡导学习和提升个人工作技能。

创新,是一种冒险,不可能不犯错误。成功的创新过程中,一般也总会包含有若干个错误的环节。因此,不要轻易否定创新者,也不要轻易解雇他,而是鼓励他继续努力并适当扩大他的权限。最好让创新者尝试的次数多些。

新设想几乎总是不受公司现有规模的约束,所以由嫉妒所引起的明争暗斗会阻碍创新。公司可以成立由各职能部门有关人员组成的小组,可以解决创新中的许多基本问题。

训练员工进行创新的方法,并鼓励他们使用这些方法。如横向思考以及抓住和解释各种梦想。有的公司为了培养创新者,专门开办一种企业家学校,对天资聪颖的雇员进行培养。学员参加培训的期限通常为 6 个月,他们边学习边在公司工作。

3. 创造良好的创新文化,营造集思广益的氛围。

要想努力促使创新者保持创新的动力,就要透过各种管理方法来刺激创新者,追根究底就是要找到他们的动力所在。这时,除了物质奖励和精神表扬之外,建立切实可行的创新文化很有必要。如微软公司的管理方式是:使经理人员尽可能不影响软件开发人员。公司总部就像是一个大学校园,员工既可忘我工作,同时也能玩得痛快。

4. 创造各种新机遇。

公司可以根据行业情况,有预见性地创造一些机遇,利于创新发生。例如美航空公司以其萨帕系统为航空业确立了预订机票制度的标准,进而改变了这个行业预订座位的方法,并使公司获得了巨大的战略优势。

独辟蹊径才能创造出伟大的业绩,在街道上挤来挤去不会有所作为。

——[英]布莱克

打开窗子迎接阳光的开放式创新

开放式创新针对封闭式创新,企业不仅自己进行创新,也充分利用外界的创新;不仅充分实现自己的创新的价值,也充分实现自己创新"副产品"的价值。在开放式创新模式下,企业对市场机遇与技术机遇的认识都是从外部出发的,这使得"有效供给"更为可能;使得以更快的速度、更低的成本,获得更多的收益与更强的竞争力成为可能。

有位母亲,带着两个不满 5 岁的儿子生活。由于他们家境清贫,母亲不得不外出工作,并把他们锁在家中的卧房里,关闭门窗,不让他们随意出去。

有一次,两个儿子趁着母亲做饭时,走出房间,来到大街上,他们看到外面阳光灿烂,十分温暖舒适,商量说:"要是我们家里也有阳光就好了。我们扫点阳光回家吧。"

他们跑回家,拿来扫帚和畚箕,到大街上扫阳光。可是等他们把满满一畚箕的阳光搬回房间时,里面的阳光就没有了。他们只好再出去扫,这样一而再再而三地扫了许多次,屋内还是一点阳光都没有。

正在厨房忙碌的母亲听到动静,出来询问怎么回事。儿子们据实回答,母亲听了,俯身搂住他们说:"儿子,只要把窗户打开,阳光自然会进来,何必去扫呢?"

打开窗子,阳光普照,抛开偏见,就会迎来崭新的开放式创新。在今天,企业仅仅依靠内部的创新,已经不可能应对来自供货商、消费者、竞争者日益增大的压力。于是,企业的创新模式从封闭式创新走向开放式创新。

为什么出现了这种变化?下面我们从封闭式创新的特点入手进行分析。

封闭式创新,指的是企业在拥有一项核心技术时,对外保持神秘感,透过"一招鲜吃遍天"赢取高额利润。这一模式在 20 世纪 80 年代以前普受欢迎,几乎是企业创新的通用模式。然而,这一模式具有自身的缺点和局限性,不可避免带来了很多负面影响。比如,由于对外封闭,企业之间无法交流一些科技成果,造成部分技术与市场脱节,诸如此类的现象,被人们总结为"硅谷悖论":最善于进行技

术创新的企业,往往也是最不善于从中赢利的企业。施乐的 PARC 是封闭式创新最典型的例子。他们的科研目的本来是复印机业务,结果大多数创新在计算领域就大显身手,远远超出了主营产品。

另外,在封闭式创新模式下,创新开发需要巨资投入,这限制了很多中小企业发展;而一些大企业,为了创新,必须面临巨大风险,甚至陷入困境。这样一来,势必出现新模式创新来取代封闭式创新,于是开放式创新应运而生。哈佛教授亨利·切萨布鲁夫是开放式创新的首创者,他在《开放式创新》一书中指出:现在竞争优势往往来自于更有效地利用其他人的创新成果。这道出了开放式创新的精神内涵。

与封闭式创新相比,开放式创新的特点是:企业的创新不再神秘,既可以进行内部创新,也可以利用外界创新,在这种创新模式下,不仅企业内部员工是创新的主体,顾客、供货商以及竞争对手都可能带来创新信息,这些来自外部的信息会促发创新速度、降低成本,进而增强企业竞争力。

在开放式创新背景下,中小企业的创新活动发挥了越来越重要的作用。以美国为例,进入 20 世纪 90 年代后,申请专利的情况发生了明显变化,中小企业申请的数额占到 55%,研发效率首次高于大企业。而大企业不断削减研发经费,转为向中小企业购买技术成果,进行再开发。这一转变体现出开放式创新的巨大魅力,为企业降低了风险,提高了效率。

同时,由于开放式创新鼓励企业外部人员的介入,进而扩大了创新范围和力度。比如大部分新产品来自于顾客提出的创意。顾客的需求是创新的基本点,由他们参与后，企业的创新目的性更明确、实用性更强。再有让供货商参与创新，可以为整个项目节省资金。NIKE公司除了产品设计与营销外，将其他的工作交给世界各地企业来做，这正是开放式创新模式的表现。

　　从上述内容可以得出结论：开放式创新特色鲜明，能够整合各种要素，降低成本，创造更适合市场和消费者的产品、服务。这一过程中，公司不仅要鼓励员工的创新精神，还要团结其他相关人员，包括竞争对手，建立更强大的创新体系。

不断变革创新，就会充满青春活力；否则，就可能会变得僵化。

——[德]歌德

只看到骆驼者
主宰创新的核心

企业家负有将目标具体化、量化的责任。有了明确、具体的目标,才能让全体成员明确下一步努力的方向,才能对全体成员产生巨大的激励作用。在创新过程中,企业家应充分发挥自己的核心作用,明确创新的目标。

有位猎人收了三个徒弟,有一次,他带着徒弟们到沙漠猎杀骆驼。

经过长途跋涉,他们到了目的地。略作安顿后,师父带着徒弟们,携带猎枪来到了骆驼出没的地方,师父看了看远处,回头问大徒弟:"你看到了什么?"

大徒弟张望几下,握紧手里的枪回答道:"我看到了猎枪、骆驼,还有一望无际的沙漠。"

师父听了,摇摇头又问二徒弟:"你看到了什么?"

二徒弟心想,师父对师兄的回答不满,肯定是他看到的太少了,于是回答说:"我看见了师父、师兄、师弟、猎枪,还有沙漠。"

师父一听,头摇得更厉害,转身问三徒弟看到了什么。

三徒弟目不转睛地盯着驼群,回答:"我只看到了骆驼。"

师父终于露出了微笑。

成功的猎人必须目标明确,才会有所收获。对于企业而言,作为自主创新的主体,制订目标而能产生效果,秘诀就是"明确"二字,成功的目标,必须是明确的。

享誉全球的贝尔实验室,获得了11人次的诺贝尔奖,他们为何取得如此卓著的成就?原因在于他们把新技术、新产品作为实验室的目标,而将诺贝尔奖当作一个副产品。在竞争激烈的市场中,要想把握方向和机遇,需要企业家将目标明确化、具体化,并不畏险阻地带领员工朝着目标努力奋斗。

明确创新的目标,企业家需要做到:

1. 关注科学技术发展的趋势,了解需求的先端。

只有了解了最先端的科技,才能结合国内的情况和需求超越他们。企业家本身不一定懂得技术,但他应该大力支持技术创新。麦克尼利是位管理专家,他创建了 SUN 公司。由于他本人不懂技术,差点造成高科技人才流失。有位职员发明了 Java 语言,却始终得不到发展,一怒之下提出辞职。麦克尼利了解情况后十分震惊,挽留职员并为他提供最好的条件发展新技术。现在,Java 语言已经超过 C 语言,成为最普及的计算机语言体系。

2. 发现不足,发现机会。

企业家应该是具有非常的创新能力、整合能力、勇于冒险的一类人,他们一旦发现最新产品的某些不足,会非常高兴,因为机会来了。市场出现了新需求,技术出现不足,两者相加就是创新的动力和源泉。

3. 组建一支团结有力的创新团队。

技术创新专业性强,比如在 IT 领域,创新需要扎实的数学基础和工程实践的结合,才能使创新成为可能。

4. 了解市场需求,以及与创新之间互相影响变化的关系。

企业家需要了解市场发展趋势,掌握顾客需求。需求是创新的根本目的,可以帮助企业家明确方向,不走冤枉路。

同时,创新成果进入市场后,一定产生回馈信息,这些信息会告诉技术人员下一步的发展方向。这就形成了市场与创新之间互相影响、互相刺激的关系。比尔·盖茨说:"创新和市场要形成一种正回馈作用。"只有形成良性循环时,创新才会持续并且有力。

总之,只有企业家找准了目标,发挥出自己的核心作用,才能促使技术与市场的有效结合,最终走向成功。

只有慢慢重新认识自己,才能走向创意之道。

——赖声川

铲除杂草者破坏了创造源

传统上,人们一直认为产品创新都是由产品的制造商实现的。然而,这一基本假设常常不符合实际。商业实践表明,创新源多种多样,五花八门。有的领域,产品的使用者(用户)开发了大多数创新;另外一些领域,与创新有关的部件和材料供货商是典型的创新源;还有些领域,传统的见解依然有效,产品制造商确实是典型的创新者。除此之外,还有许多其他类型的创新源。

有对夫妇,曾经购买一栋附花园的房子。当他们搬进去时,恰逢冬季,花园里枯草败枝,很不整齐,他们想,应该趁现在清除杂草,全面整顿,那么明年春天一到,就可以栽种很多新品种,整个花园就会干净整洁,花草争艳了。

他们按照计划行事,第二年春天,改种了很多新花卉。有一天,房子的旧主人来访,他走进花园后不由大吃一惊:"那最名贵的牡丹哪里去了?"

这对夫妇这才发现,他们竟然把牡丹当草给铲了。

后来,他们再次购屋时,汲取上次的教训,尽管院子里很杂乱,可是他们没有进行大清除。第二年,院子里呈现一派生机,春天时的杂草,夏天开满鲜花;一直光秃秃的小树,秋天时缀满果实。他们经过一年时间,终于认清了哪些是无用的杂草,哪些是珍贵的花木。

并非所有杂草都可以剪除,它们可能是极有价值的物种。从这个故事中我们了解到一个新问题:创新源管理问题。每个创新都有来源,这些创新的源泉有一个主题,即"谁是创新者或者创新概念、构思从何而来"。

传统上,人们一直认为产品创新都是由产品的制造商实现的。然而,这是不合实际的想法。商业实践证明,创新源多种多样,五花八门。有的领域,产品的使用者开发了大多数创新;另外一些领域,与创新有关的部件和材料供应商是典型的创新源。除此之外,还有许多其他类型的创新源。

1942年,英国为了对抗德军入侵,在全国各地建立雷达观测站,可是这些雷

达信号常常遭到干扰。这是怎么回事呢？在大家百思不得其解之时，一位美国工程师卡尔·央斯基也遇到了相同麻烦。他负责检查越过大西洋电话通讯的静电干扰情况，也发现了一种类似的弱噪声。于是人们开始努力研究噪音是怎么造成的，最终得知元凶竟是太阳，是太阳放射的电磁波干扰了雷达系统。在此研究基础上，人们进一步发现星云间、银河系也会发射电磁波，进而开创了射电天文学。这一事例说明创新源的多样性。

创新源是创新的重要问题，对企业战略、创新管理、研发、创新相关研究、政府创新政策和科技政策产生重大影响。在实践中，很多企业透过假设创新源，并据此来组织或鼓励创新。20世纪80年代，美国企业界一度认为生产半导体工艺设备的企业正从领导先端后退，有人从传统观念理解这一现象，认为政府应对这些企业予以强化，帮助它们加强创新，不至落后于其他国家的先进企业。但是调查结果显示，这一问题与生产商关系不大，因为大多数半导体工艺设备创新，都是消费者开发的。这表明美国半导体设备制造商之所以落后，是因为它们所服务的用户群体正在落伍。所以，这里的创新源不是生产者，而是设备用户，只有让他们再度处于半导体技术创新领先地位，才可能促进半导体技术进步。

对创新源的精确理解，可以让企业家更有效地指导和加强创新活动。有助于提高企业和国家的创新能力。

伟大的才能比伟大的成功更不寻常。

——［英］沃维纳格

怕烫的猴子
印证创新精神的衰退

恪守经验，依循旧制，是创新精神衰退的表现。这是企业经营的大忌，虽然事过境迁、环境改变，大多数的组织仍然恪守前人的失败经验，平白错失大好机会。

有位驯兽师，只用一根绳子拴着一头大象。有人很担心："你不怕大象挣断绳子跑了吗？"

驯兽师说："不会，我从小把它养大，知道如何驯服它。"

原来，象很小的时候，驯兽师就用沉重的铁链拴着它，每次它想逃走，只要用力一拉，就会感到无比的疼痛。时间久了，象产生了逃走就会疼的印象，因此再也不敢逃走了。所以，只用一根普通的绳子就能拴住它了。

科学家做过一个实验，很好地印证了这个故事阐述的道理。他们把四只猴子关在一起，不给它们东西吃。几天后，他们从一个小孔放进去香蕉，这时，饿得头昏眼花的猴子就会争先恐后冲过来抢。可是，当它们还没有拿到香蕉时，就会触动设好的机关，滚烫的热水劈头盖脸浇下来，烫得它们全是伤。

这样几次后，猴子们再也不敢去拿香蕉了。

更有意思的是，当实验者放出一只猴子，将一只新猴子换进房内，同样让它挨饿。当新猴子饿得也想去吃香蕉时，立刻被其他三只老猴子制止，并示意有危险，千万不可尝试。

实验者再换一只猴子进入房间内，当这只猴子想吃香蕉时，有趣的事情发生了，这次不仅最早剩下的两只猴子制止它，就连没被烫过的那只半新猴子也极力阻止它。

实验继续着，当所有猴子都已换过之后，没有一只猴子曾经被烫过，上头的热水机关也取消了，香蕉唾手可得，然而这时，却没有一只猴子敢前去享用。它们只是饿得乱叫，谁也不尝试取下香蕉。

恪守经验，依循旧制，是创新精神衰退的表现。在企业经营中，缺乏创新精神是大忌，很多公司在事过境迁、环境改变的情况下，仍然恪守前人的失败经验，平

白错失大好机会。是什么原因造成创新精神衰退呢？

1. 环境因素。

创新精神受到环境影响，当一个环境相对舒适时，人们很容易丧失创新质量，会慢慢变得保守甚至固执起来。创新的本质是突破传统，创造一种前所未有的事物，熊彼得说："所谓'创新'，就是建立起一种新的生产函数。"当缺乏外界刺激，失去进步动力时，一个人的惰性必定凸显出来。美国学者迈克·图什曼（Michael L. Tushman）指出：成功企业家对创新有一种"成功综合症"，意思是说，在成功之后，他们因为失去创新的兴趣，进而走向失败。

为什么会产生这种结局呢？这是由于：一、成功后的企业，一般结构稳固，制度完备，人员固定，思路成熟，这时，员工们只要按部就班做事就行了，所以很容易僵化思想，使大脑进入"睡眠"状态。二、人们对于成功往往有崇拜心情和认同感，这样就会滋生一定的文化气氛，进而形成对以往经验的依赖情绪，依赖情绪越重，创新的可能性也就越小。

2. 个人因素。

创新者具有很强的机会意识，能够敏锐地发现和利用各种时机。比如他们可以从消费者身上了解市场信息，从技术人才那里获取技术信息。然而，书本主义和教条主义禁锢了思维的发展。在外部环境变化的情况下，企业家丧失了冒险精神，不敢越雷池一步，在面对诸多变化时，不能明确做出决策，失去创新的时机。

创新精神的衰退影响巨大而深远，会直接导致整个组织将不可避免地走向衰败与解体。因此,放下书本,丢弃教条,才是创新精神活力四射的保障。实际上,在创新精神高涨的国家和民族中,他们的进步有目共睹。20世纪初凯恩斯的国家干预理论,为美国总统富兰克林·罗斯福走向"现代市场经济"的道路奠定了基础。从此,具有宏观调控的现代市场经济制度,为二战后西方世界基本摆脱全局性的经济危机。

> 成功好比一张梯子,"机会"是梯子两侧的长柱,"能力"是插在两个长柱之间的横木。只有长柱没有横木,梯子没有用处。
>
> ——[英]狄更斯

蜘蛛和青蛙的故事揭示
全球创意经济及对中国的影响

英国著名经济学家约翰·霍金斯,被誉为"创意经济"之父。他说:"拥有创意的人,要比只懂得操纵机器的人强大,而且在多数情况下也比那些拥有机器的人强大。"因而可以说,创意是最重要的自然资源,也是拥有最高价值的经济产品。

  有两只蜘蛛,生活在一座破旧的寺庙里。它们一只选择在屋檐下结网,一只选择在佛龛上生活,不少飞虫路过这里,落到网上,成为它们的口中美食。忽然一天,旧庙的屋顶塌了,两只蜘蛛惊慌之余,庆幸自己没有受伤,于是继续在自己的地盘上忙碌地编织着,等待着食物飞临。

  可是一连几天,佛龛上的蜘蛛有些受不了了,它的蛛网不是被风吹破,就是被鸟弄坏,这让它忙碌半天,却什么也吃不到。眼看着屋檐下的蜘蛛一如既往地过着安详日子,它有些愤愤不平了,向对方抱怨道:"这是怎么搞的,咱们的蛛丝是一样的,住的地方也没有变化,怎么我的网总是坏,你的网还和从前一样呢?"

  屋檐下的蜘蛛早就瞧出了端倪,它抬头看看坍塌的屋顶说:"屋顶塌了,环境变了,所以你的网面临的危险多了。而我,还有屋檐为我挡风遮雨,自然安全得多。"

  这则小故事道出了环境变化带来全新改变的道理。19世纪末,美国康奈尔大学做过一次有名的青蛙实验,也说明了这个问题。

  实验者把一只青蛙冷不防丢进煮沸的油锅里,激烫之下,青蛙没有死,而是奋力跳出油锅,安全地逃到地面上。

  同样,实验者把这只死里逃生的青蛙放进冷水中,慢慢用火烧烤锅底。水温逐渐增高,青蛙在水中显得十分惬意,尽情享受。水越来越热,渐渐无法忍受了,这时青蛙挣扎着跳出来,却发现早已没有力气。最后,它在热水中被烫死了。

  企业离不开外部环境影响,一个高明的管理者应该有深远而犀利的洞察力,能够应对不断变化的社会环境,才能让企业始终保持高度的竞争力,不至于在浑浑噩噩中度日,更不可躲避在暂时的安逸中,成为那只在不断加热的锅里死去的青蛙。

在全球一体化的今天,世界创意经济的发展日新月异,取得明显效果。英国著名经济学家约翰·霍金斯,被誉为"创意经济"之父。他说:"拥有创意的人,要比只懂得操纵机器的人强大,而且在多数情况下也比那些拥有机器的人强大。"因而可以说,创意是最重要的自然资源,也是拥有最高价值的经济产品。眼下,全球创意经济的发展具有以下特色:

1. 创意经济方兴未艾。

据统计,2005年创意产业的产值达2.7兆亿美元,占全球经济的6.1%,而且以年均6%的速度持续增长。这一结果说明,在全球经济一体化的今天,创意在经济发展中的优势越来越明显,越来越突出。目前,很多知名公司不再以生产看得见、摸得着的产品为主要赢利项目,他们生产有创意的服务,让消费者享受创意带来的种种便利,进而生活得更美好。这些创意为公司创造了巨大的赢利空间,推动新一轮经济的高速发展。

2. 以创意为主的产业发展迅猛。

从创意产业的产值来看,它已经成为仅次于金融服务业的第二大产业,发展速度不容忽视。而从事相关创意产业的人员和企业也是数量激增,涉及包括出版、时装、艺术以及房地产等在内的诸多领域。从专业设计人才到普通消费者,无一不可以进行创意发明。

从创意经济的特点可以看出,创意在经济发展中的作用已经越来越受到人们重视。南非前总统曼德拉先生说,我们要为当今世界做出贡献,要和当今世界联系起来,我们就必须要有创意。创意不难,只要发挥想象力就会有所收获,诚如一位指挥家所言:"我因为非常有好奇心,所以就有创意。"世界是丰富多彩的,如何透过创意与世界联系起来,对于中国来说,需要从以下方面加以注意:

(1)支持、鼓励、刺激各种创意活动。

从管理上制订激励创意的措施,为创意产业发展开辟空间。目前,不少国家提出很多措施,给企业更多自由和机会,他们还实时与国外合作,为本国企业发展寻找更快捷和方便的道路。

（2）注重产权保护，激励创意行为。

创意成果是个人的财富，政府需要给予合理的保护，不得随意使用和买卖，这样才能激发创意者的积极性，并激励他人的创意行为。有人将产权比做货币，保护产权比做银行，银行具有管理货币的责任和义务，只有管理恰当，才会使货币良性循环，带来经济效益。

当然，保护产权并非将之束之高阁，或者一味地限制使用，还要合理开发，懂得共享的重要意义。如今是全球一体化时代，开放式创新正在取代封闭式创新，所以学会与他人共享，无疑是产权的出路之一。

综上所述，创意经济既有竞争性，又有协作性，要想有更多更好的创意，就要勇于梦想，融合文化、科技和创造力，享受成功。

有些人本身不是天才，可是有着可观的激发天才的力量。
——［英］柯南·道尔

错开窗户提示中国企业创新应走哪条快捷方式

要想了解先端技术走势、开阔发明视野、启发创新灵感和思路，不妨从专利文献入手，从中比较和吸收国外先进技术思路，选择正确的技术途径，藉以提高研发起点和专利技术的含金量。

有个小女孩病了，只能坐在床上透过窗子观察外面的世界。有一天，她从后面的窗子望出去，看到自己心爱的小狗死了，大家正在挖土埋葬它。小女孩伤心极了，泪流满面。

这时，小女孩的爷爷走进来，看到她痛苦的样子，明白了怎么回事，他没有劝慰她，只是说："孩子，你从前面的窗子往外看。"小女孩转过头，从前面窗子望出去，只见院子里鲜花盛开，正是春光明媚的大好时节。她看了一眼，心情顿时好起来。

爷爷见此，笑着对小女孩说："孩子，你开错了窗户。"

从不同的窗户向外看，会看到完全不同的景致，得到完全不同的收获。这一简单有效的创新手段运用到企业中，无疑是一条快捷方式。目前，世界创意经济大潮风起云涌，台湾地区创新体系已经逐步走向正规，并对企业产生了很大影响。下面，我们从中国企业面临的现状入手，分析他们应该怎么样走一条创新快捷方式？

首先，中国旧的商业模式、产品及工艺流程正在迅速衰落，新生事物正在蓬勃兴起，这是创新的大好时机。中国在诸多重要领域面临机会与挑战，主要包括：能源、环境、基础建设、人口密度、老龄化、生物技术以及移动设备等。以此开展创新活动，必将带来非同凡响的创新机遇。中国拥有六亿移动电话用户，这为微软和google提供了在诸多领域施展最新科技的非凡机遇。中国完全可以以此为突破口，从中分得一杯羹。

其次，中国企业技术相对落后，引进技术又会花费巨大资金投入。这时，充分利用国外专利文献，成为吸收国外先进技术经验的快捷方式。2001年，一份调查显示中美两国在专利申请方面的差距：中美以企业为主体申请的职务发明专利分别为14 774件和31 866件，比重各为49.3%和95.8%，增幅分别为17%和25.8%，申请量相差1.16倍；同年，中美以企业为获权主体的职务发明专利分别为2612件和10 457件，比重各为48.5%和95.9%，增幅分别为7.5%和68.1%，获权量相差3倍。

统计比对表明，在美国，企业是以发明创新争占市场的绝对主体。拥有相对的专利才有保持市场竞争优势的技术储备。只有强化专利竞争意识，努力加大创新步伐，借助专利争占制高点，学会运用专利战略，才能赢得国际市场竞争的主动权与技术优势。在这种情况下，各个国家的专利文献成为一大吸引点。

要想了解先端技术走势、开阔发明视野、启发创新灵感和思路，不妨从专利文献入手，从中比较和吸收国外先进技术思路，选择正确的技术途径，藉以提高研发起点和专利技术的含金量。比如专利说明书，就是公开的技术文献。获取专利文献，可以进入各国专利商标局网站，也可以阅读大量国外文献。事实证明，很多创新都是在他人基础上发展起来的。JVC公司发明了3小时的录像带，以此击败新力公司而确立了国际规格——因为特长的录像带使购买者能够录下完整的体育比赛。

当然，创新的快捷方式绝不是模仿，而是从他人的经验和教训中有所启发，有所创新。一个假冒仿制品，既走不长远，最终也会竞争乏力，难免被淘汰。

> 没有某些发狂的劲头，就没有天才。
> ——［意］塞涅夫

不落的秋叶
与国外创意思维训练

越来越多有眼光的人们已经认识到,随着未来社会的高速发展,手艺有可能因为先进技术的出现而遭到淘汰,知识有可能因为不断爆炸而变得老化,唯有充满创意的头脑永远不会枯竭,忠实地为我们出谋划策。

美国作家欧·亨利在他的小说《最后一片叶子》里讲了个故事:

病房里,一个生命垂危的病人从房间里看见窗外的一棵树,在秋风中一片片地掉落下来。病人望着眼前的萧萧落叶,身体也随之每况愈下,一天不如一天。她说:"当树叶全部掉光时,我也就要死了。"一位老画家得知后,用彩笔画了一片叶脉青翠的树叶挂在树枝上。

最后一片叶子始终没掉下来。只因为生命中的这片绿,病人竟奇迹般地活了下来。

一片画上去的树叶,拯救一位垂危病人。这种创意是非常了不起的,在国外,为了提高创意思维能力,人们经常参与各种训练活动。创意思维训练经历了一定历史发展过程。

创意思维训练开始于美国。早在1936年,美国通用电气公司率先对职工开设了《创造工程课》,这是创意思维训练的开山之作。5年后,奥斯本提出了"智力激励法",并出版《思考的方法》一书,进而掀开了创意思维训练的序幕,为他在布法罗大学开设"创造性思考"学校奠定了基础。1953年,奥斯本又出版了《创造性想象》。这本书轰动全球,为他迎来意想不到的收益,也改变了成千上万人的生活。

创意思维训练的神奇效果引起越来越多人的关注,哈佛、加州、史丹佛大学,以及许多军事、工商企业相继开设了"创造性"理论及创造训练工程。到20世纪60年代以后,先后涌现出几十个创造、创意研究中心。

接着,专门从事创造性研究的公司出现了。到1978年,这类公司已经多达几千家,他们向各类组织提供各种创造性的咨询,开设了2天至全年的各种创造学

课程。

美国在创意思维训练方面的成果吸引许多国家的目光,其中日本人反应最为敏捷。他们不仅在大学开设有关课程,而且在社会上先后建立了创造性研究会、创造工程研究所、创造学会等组织。不少地方还举办了"星期日发明学校",电视台创办了"发明设想"专题节目。从20世纪70年代起,日本在创意方法及创造学的研究及应用方面,已超过了美国,成为最重视培养创意人才的国家之一。

在日本,创意思维培训活动形式多样,十分活跃,他们把每年的4月18日定为"发明节"。在这一天,全日本要举行表彰和纪念成绩卓著的发明家的活动。除此之外,还创办了一些专门的刊物,如《创造》、《创造的世界》、《创造学研究》,为创意学校创造学的研究和发展,提供了广泛的天地。

在全社会的参与下,日本的创意发明日新月异,成效显著。松下电器公司的"创意冠军"孤口启三,一年内提出3 106项创造发明设想。丰田汽车公司设立了"创造发明委员会"、"创造发明小组",透过一系列"创意设想运动"的开展,取得了巨大的经济效益。

从以上分析可以看出,美国和日本在创意思维训练方面做出的努力。今天,更多的国家和个人已经意识到,只有创意是永不枯竭的能源。托夫勒是享誉全球的未来学家,他提创了"三次浪潮理论",是他的"信息化浪潮"把全球淹没在信息化的海洋中。如今,他做出了新的预言:资本的时代已经过去,创意的时代正在来临。

> 天才的特征之一,就是把相距最远的一些才能结合在一起。
> ——[法]雨果

野狼磨牙的芬兰发展创新之路

一个国家在创新战略上、技术层面的实现相对较容易,比如建立相对的创新体系,研发某种产品。可是文化思想层面的创新共识却不容易达到。

在一个大森林的某处角落,生活着野狼和狐狸,它们是朋友,常常一起外出猎物。

有段时间,天气晴朗,温暖适宜,既没有猎人前来打猎,凶猛的老虎也远去了。为此,大多数野狼和狐狸吃饱喝足之后,很惬意地躺在草地上休息娱乐,生活十分自得。

偏偏有只野狼与众不同,它没有加入娱乐的行列,而是卧在一边勤奋地磨牙。有只狐狸注意到它,走过去问:"现在生活安逸,大家都在乘兴娱乐,你那么费劲地磨牙干什么?"

野狼停止磨牙,抬眼望着远方,意味深长地回答:"是啊,眼下是没有危险,可是猎人和老虎最终会回来的,它们会追赶着要我们的命。到那时,如果我没有锋利的牙齿,再想磨牙就来不及了。"

野狼磨牙的故事,很好地再现了芬兰的创新发展之路。在各国纷纷发展创新的时候,芬兰走出一条与众不同的道路。

芬兰是一个小国家,人口只有 520 万,他们认识到自身的不足,选择了信息技术与生物技术为创新突破口,将发展的目光盯住全球市场,结果取得了重大成就。作为国家创新体系,芬兰国家技术局连续五年获得全球竞争力排名第一,对此,他们只是说:"第一,当然是令人高兴的,可是保住第一并不容易。我们要更多地看看未来。"

以技术立国,以创新立国,芬兰人抓住很重要的一个契机。这就是 20 世纪 80 年代初,世界经济出现重大变革,摆在芬兰人面前有两条道路:一是利用现有条件,透过森林资源发展木材、造纸业;二是大力发展知识经济产业。他们经过分析认为前者会破坏环境,造成资源枯竭,因此必须选择后者。

芬兰的选择对了。他们将创新提升到发展战略的位置,在国家技术局的指导下,创建了企业、高等院校和研究机构互相结合的创新体系。这一体系使劳动生产率大为提高,也使大中小企业纳入创新的轨道之中。在专业机构参与下,企业创新能力得到很大发展。

芬兰注重研发投资,不惜本钱地鼓励各种创新活动。国际著名企业"诺基亚"是芬兰企业的代表,他们在研发上的投入可想而知。然而,这一投入比只是与芬兰整个国家在创新方面的投入比持平,可见芬兰在创新上的投资有多大。一组数据可以说明这一问题,2004年,芬兰在研发方面的投入占GDP的3.5%,在世界上排名第三,仅次于以色列和瑞典。

先进的创新体系、巨资投入,为芬兰创新铺平道路。不仅如此,芬兰人从更深层的角度认识创新,他们认为创新是一种态度,永远不能满足于现状,要注重未来,看到明天。在芬兰,有一个词叫"SISU",大意是,"知道情形很难,但不言放弃,努力去做"。这样勇往直前的民族精神恰是创新的必需品。世界在变化,社会在发展,要想赶上时代的步伐,唯有创新一种方法。

在这种创新精神感召下,芬兰注重从文化层面上发展创新,努力形成一种创新文化氛围。国家不遗余力地引导创新工作,义务为公民宣传世界情况,让他们了解芬兰之外的变化,以给予警示,积极跟上时代步伐,不至于落后淘汰。

积极创新的态度,与世纪紧密结合的努力,促使芬兰人不断地有所发现,有所创造,紧跟世界潮流,走出一条独特的创新之路。

天才人物的条件之一是要有创造发明,发明了某一种形式、某一个体系或某一种原动力。

——[法]巴尔扎克

害怕鸡叫的狮子
展示瑞典的创新特色

瑞典的创新最具特色的地方,是与环保结合。地处北极圈内的矿山之城基律纳,高科技投入是矿山连年高产和安全生产的重要保障。经营矿业的 LKAB 公司与瑞典和多国的科研机构建立了密切联系和合作,仅在北部的吕律欧工学院就投资 1 亿瑞典克朗,专门研究自动化控制技术。这座铁矿已经成为瑞典科技创新的一个缩影。

狮子素有森林之王的美称,体格雄壮威武,力气强大无比,足以统治整座森林。可是它也遇到了麻烦。这天,它来到了上帝面前,吞吞吐吐地说:"我很感谢您赐给我的一切。"

上帝听了,微微笑道:"但是我认为这不是你今天来找我的目的!看起来你似乎为了某事而困扰呢!"

狮子低低吼了一声,说:"您真是了解我啊!我今天来的确是有事相求。因为尽管我的能力再好,但是每天鸡鸣的时候,我总是会被鸡鸣声给吓醒。万能的上帝啊!祈求您,再赐给我一个力量,让我不再被鸡鸣声给吓醒吧!"上帝明白了,他给了狮子一个答复:"你去找大象吧,它会给你一个满意的答案。"狮子一听,兴冲冲地跑到湖边找大象,可是它还没见到大象,老远就听到大象跺脚所发出的"砰砰"响声。

狮子加快速度,它看到大象正气呼呼地直跺脚。狮子奇怪地问大象:"谁惹你了?你干嘛发这么大的脾气?"

大象拼命地摇晃着大耳朵,吼道:"有只讨厌的小蚊子钻进我的耳朵里,害得我都快痒死了。"

狮子无法从大象那里得到答案,只好离开走了。回去的路上,狮子心里暗自想着:"体型这么巨大的大象,还会怕那么瘦小的蚊子,真是好笑。"想到这里,它心里忽然一亮:"既然大象害怕蚊子,那我还有什么好抱怨呢?毕竟鸡鸣也不过一天一次,而蚊子却是无时无刻地骚扰着大象。这样想来,我可比他幸运多了。"

狮子一边走,一边回头看着仍在跺脚的大象,暗暗自语:"上帝要我来看看大象的情况,应该就是想告诉我,谁都会遇上麻烦事,而它无法帮助所有人。既然如此,那我只好靠自己了!反正以后只要鸡鸣时,我就当做鸡是在提醒我该起床了,如此一想,鸡鸣声对我还算是有益处呢!"

适应环境,转变观念,事情就会出现完全不同的结局和转机。这一思想体现了世界创新强国瑞典的创新特色。

瑞典特别重视创新,他们的发明创造无处不在。比如乘车用的安全带,后向式儿童安全座椅、高位刹车灯等都是瑞典人的发明。有人说"走进瑞典,就走进了一个发明之国"。他们的发明与生活息息相关,拉链、电冰箱、活动扳手、安全火柴、三相交流电系统、滚珠轴承……这些生活中司空见惯的事物全部来自瑞典,是瑞典人勤于创新的体现。

实际上,瑞典的创新能力是享誉全球、众所瞩目的。2004~2006年,瑞典在世界经济论坛发布的国家竞争力排名中,连续三年均排名全球第三。这是实力的象征,证明瑞典在创新方面的能力已经相当稳定。

作为创新强国,瑞典人的创新具有一个重要特色,这就是他们注重与环境密切结合,创建了一条环保创新之路。

在瑞典地处北极圈内的基律纳,被称作"矿山之城"。一直以来,为了保障高产和安全生产,许多经营矿山的公司持续进行高科技投入。LKAB公司就是其中一家有名公司,他们为了环保生产,与瑞典和多国的科研机构建立密切联系和合作,不惜投入巨资开发研究各种高科技。如今,基律纳已经成为瑞典科技创新的一个缩影。

除了大公司、大企业注重环保科技外,瑞典的普通大众也注重环保创新。在斯德哥尔摩很多小区,居民们为了节约能源,使用新型的沼气燃气设备,每天透过自身代谢的排泄物,就可以产生一天做饭用的能量。这一做法可以节省多少资源呢?据统计,瑞典在1970年时,有77%的能源来自石油,到目前这个比例减少到了32%。

瑞典人还十分注意资源再利用，他们不会浪费锯木屑、秸秆等"边角料"，也不会随意浪费垃圾，他们会用"边角料"生产燃料，用燃烧垃圾解决冬季供暖。总之，只要可再生原料，他们都会加以利用，替代其他石化产品，这无疑节约了大量资源，是环保创新的具体而实用的做法。

环保创新是瑞典的立国之本，他们在南部城市马尔默修建了一座旋转高楼，达190公尺高，不仅造型独特，从下至上旋转90度，而且全部采用环保材料建造，已成为瑞典现代建筑的代表。

> 否定他人的新创意，可能会遭致不良的影响。因为任何一个创意都不可以用理论来表示……
>
> ——[美]亚历克斯·奥斯本

"中国制造"
再次强调知识产权保护

知识产权是个人或集体对其在科学、技术、文学艺术领域里创造的精神财富,依法享有的专有权,包括著作权、专利权、商标权等,它是一种无形的财产权。

有位中国学者赴美访问,期间遇到一件令他很惊讶的事。

有一天,学者来到了蒙大拿州的波兹曼小城,他信步闲逛,不知不觉被一家装修别致的文具店吸引,就走了进去。在里面,他注意到各式各样新奇的商品,可谓琳琅满目,别有异国情调。后来,学者从诸多商品中看到了一台印表机,从包装到款式都很新颖,看起来也很耐用,决定买下来带回国。

然而,就在学者准备付钱时,商店的售货小姐却建议他不要购买,因为这台打印机是中国生产的,在国内买肯定会更便宜。她说着,在学者吃惊的目光中,将打印机翻过来,指着上面的标签说:"你看,MADE IN CHINA。"

这件事给学者很大震惊,他多次暗暗感慨:"售货小姐完全可以卖给我印表机,因为这样她会赚到钱;可是她为什么没有这样做,反而为我着想呢?"当然,在深深思索,以及对美国的了解中,他逐渐明白了那位售货小姐的做法。这就是美国完备的法律体系原因,美国人经商注重顾客至上,强调赢取顾客的心,不会为了眼前利益损害自己长久的生意。

创意产业的核心是创新和创造力,保护知识产权实际上就是对创新成果的保护。什么是知识产权?为什么要保护知识产权?从哪些方面加以保护?

知识产权是个人或集体对其在科学、技术、文学艺术领域里创造的精神财富,依法享有的专有权,包括著作权、专利权、商标权等。知识产权是一种无形的财产权。知识产权保护指依照现行法律法规,对侵犯知识产权的行为进行制止和打击。具体体现为:阻止和打击假冒伪劣产品、阻止和打击商标侵权、专利侵权、阻止和打击著作权侵权、版权侵权……

一般来讲,创意产业具有创意研发设计投入高、复制成本低的特点,这就决定了如果对知识产权保护不足,就很容易被他人盗用、仿制,使得原创人员无法进行正常运作,很难收回成本,甚至导致成果白白浪费的危险。这样一来,不但造成创意无法正常运行,长期下去,还会严重妨碍创意产业和产品的持续发展。所以,对知识产权进行保护,是创意产业生存和发展的关键。

保护知识产权,首先需要限制它的效力范畴。超出这个范围,权利人的权利失去效力,即不得排斥第三人对知识产品的合法使用。以著作权为例,美国学者帕特森(Patterson)教授认为:政府公务性数据、社会信息性数据、历史上的创作作品属于公关领域的资源,不受著作权法保护。

目前,由于全球科技、经济的飞速发展,知识产权保护客体范围和内容的不断扩大和深化,不断给知识产权法律制度和理论研究提出崭新的课题。

1. 知识产权作为一种精神财富和智力成果具有流动性。可以透过多种途径、多种方式在国内外流动,科学、技术、文化、艺术是没有国界的,进而打破了传统的地域性界限,使得知识产权的保护受到一定冲击,国际化趋向越来越显著,出现大量涉外因素。

对于创新体系来讲,打破地域概念是好的,可以促进创意流动,激发创新产生。然而,这种突破势必增加保护难度,同时也增加国际市场的竞争力度。因此,不少企业在取得一定知识产权后,既希望能够快速进入国际市场,赢得利润,又希望得到他国法律的保护,不被他人窃取成果。这就是知识产权的国际保护问题。

2. 从今天经济发展趋势来看,国际性保护是必要的,但采取怎样的态度却很值得研究。比如如果过分强调特权,会不会滋生垄断?如果过分保护产权,会不会打击其他人的参与积极性?

不管怎么说,必须加大保护知识产权的力度,在全社会形成保护和尊重创新及其成果的氛围,这样,才为创新和创意成果的传播及推广应用创造有利的环境。

> 创意是今后决胜企业成败的不二法门。
> ——郭泰